세상의 변화를 꿈꾸는 김용욱 교수의
식용곤충식 메뉴개발 스토리

빠삐용이 몰랐던
식용곤충식

범우

The 50 Ways
to cook Edible Insects
Change Your Perception to save The Earth

INTRODUCTION

　물질의 풍요로움과 의료, 과학 기술의 발달로 인류 역사상 그 어느 때보다 빠른 인구 증가율을 보이는 인류는 과거 인류를 괴롭혔던 질병이나 자연재해보다 더 심각한 근본적인 문제에 직면해 있다. 기대수명의 증가, 신생아 사망률의 감소 등은 인류의 가장 근본적인 생명연장의 꿈과 새로운 생명의 탄생을 지켜내는데 중추적 역할을 한 요인들이 분명하나 그 결과 "인구폭발(Population Explosion)"이라는 과제를 인류에게 안겨주었다. 더 정확히 설명한다면 인구증가 그 자체는 인류에게 위협이 되지 않을지도 모른다.

　문제는 짧은 기간 동안 발생한 폭발적인 인구 증가로 인한 식량과 자원의 소비 증가, 농지의 황폐화와 산업쓰레기 발생 및 환경오염이 생태계의 먹이사슬 자체를 흔들고 있다는 것이다. 식량자원의 무분별한 소비와 환경오염의 결과는 "기아, 홍수, 토지의 사막화, 기후변화, 육류 단백질원의 전염병 등의 결과로 나타나고 있으며 결국 이 모든 문제는 먹이사슬의 정점에 서 있는 인류가 현재 마주하고 있는 현실이 되었다. 늘어나는 인구 증가에 따른 자원의 소비는 세계적인 식량난, 물 부족 현상으로 나타나고 있으며 이에 따라 국가 간 자국의 식량안보를 위해 해외 토지 및 식량 확보, 음용 수자원 확보, 어족자원 확보를 위한 경제적 베타구역 분쟁 등 생존전략을 시행하고 있다. 이처럼 지속적인 인구 증가에 따른 현실적 식량안보 위협에서 벗어나고자 UN, FAO, 미국, 네덜란드, 영국 등의 선진국 및 NGO 기관들을 중심으로 미래식량자원 개발 프로젝트가 진행 중에 있으며 그중 가장 주목받는 분야는 육류 단백질 대체식품 연구라고 할 수 있다. 본 서적은 이러한 식량안보 상황 속에서 단백질 대체식품으로 주목받고 있는 식용곤충(Edible Insect)의 메뉴개발에 초점을 맞추어 저술되었다.

　본 서적은 크게 Part 1 과 Part 2로 나뉘어져 있으며 Part 1은 Chapter 1과 6개의 소제목으로, Part 2는 chapter 2와 5개의 소제목 그리고 Chapter 3으로 구성되어 있다. Chapter 1 에서는 인류의 오랜 식문화인 식충성에 대한 문헌의 고찰 및 어떠한 이유로 현대사회에서 곤충을 섭식하는 것이 부정적이고, 미개한 식문화로 변질되었는지에 대해 상세히 설명하고 있다. 특히 Chapter 1 에서는 식품의 생산 및 제조, 유통, 조리에 소모되는 물의 양을 측정한 가상수 및 물발자국의 개념에 대해 설명하고 있으며 세계최초로 물발자국(Water Foot Print) 개념을 음식의 조리에 적용시켜, 음식을 조리하는데 있어 사용되는 물의 소비량에 따라 메뉴별 물발자국 등급을 제시하였다. 끝으로 1장에서는 인류가 직면한 식량난으로 인한 국가 및 대륙 간 식량자원의 빈익빈 부익부 현상을 해결하기 위한 새로운 단백질원 개발 프로젝트인 "식용곤충식(Edible Insect)"의 국내 · 외 산업 동향 및 상용화를 위한 발전방향에 대해 제시하고 있다.

Part 2에서는 국내최초로 식용곤충을 이용한 조리법과 메뉴에 대하여 소개하였다.

식용곤충식에 대한 생소함을 줄이고자 사람들이 일반적으로 좋아하는 메뉴 50가지를 선정하여 육류단백질이 아닌 곤충의 단백질 및 영양성분을 이용한 새로운 메뉴를 개발하였다. 선정된 50가지 메뉴는 식용곤충이 가진 영양소와 육류영양소와의 비교를 위해 대부분 육류 단백질을 함유한 메뉴로 구성하였으며 육류 단백질원이 함유되지 않은 메뉴의 경우 단백질 및 기타 영양소를 보강 또는 추가하여 새롭게 재구성하였다. 육류 단백질원을 사용한 기존의 메뉴와 식용곤충 단백질원을 사용한 메뉴의 특성은 메뉴의 레시피 설명과 함께 "영양성분 비교표"로 비교되어 기재되어 있다. 본문에 기재된 모든 메뉴는 영양학적 균형을 맞추기 위해 FDA(Food and Drug Administration)에서 권장한 1일 성인 기준 단백질 필요량을 3식으로 균등하게 나누어 권장 섭취량 기준에 맞추어 조리 하였다. 또한 새로운 단백질원인 식용곤충을 사용하여 메뉴의 식의약적인 기능이 추가된 만큼 각 메뉴마다 함유된 영양소가 가진 양방, 한방적 효능에 대해 기술하였다. 끝으로 우리가 섭취하는 식품이 사육 → 생산 → 조리 → 가공 → 유통되기까지 사용되는 물의 소비량과 수자원 부족에 대한 경각심을 일깨우고자 세계최초로 물의 소비량에 따른 "물발자국 메뉴 등급제 − 워터마크(Water Mark)"를 고안하여 각 메뉴마다 사용된 물의 소비량을 기준으로 5등급제(A, B, C, D, F)로 표기하였다.

별도의 설명은 없으나 "기아문제 해결"에 작은 힘이될수있는 구호메뉴를 개발하여 수록하였으며. 아프리카, 중동, 아시아 지역의 식용곤충 섭식현황 및 현지 구매/조달 가능한 식자재, 세계 NGO 기관에서 난민캠프에 지원하는 구호물자에 포함된 식자재 등을 조사하여 현지에서 바로 조리가 가능할 수 있도록 현실적인 메뉴를 고안하는 데 주력하였다.

수록된 구호메뉴는 식용곤충을 이용하여 한 끼 식사로 성인이 하루 필요한 필수 영양성분 섭취를 할 수 있도록 하였으며 대량조리가 용이하고 현지에서 구할 수 있는 기본적인 식자재와 조리법으로 전문 조리사가 아니라도 누구나 손쉽게 만들 수 있는 메뉴로 구성하였다.

감사의 글

"식용곤충식 개발" 이라는 다소 황당할 수 있는 프로젝트에 한 번의 주저함도 없이 참여해준 제자들에게 진심으로 감사의 말을 전합니다. 나에게는 제자이자 최고의 메뉴개발 연구원이었으며 힘들 때마다 함께 울고 웃어준 든든한 조력자였습니다. 모두에게 너무도 생소한 식자재인 식용곤충을 이용한 메뉴개발은 연구 초기 단계부터 주변에서 지원이 아닌 외면을 받아야 했으며 때론 우스갯소리의 대상이 되기도 하였습니다. 식자재가 아닌 '곤충'을 이용한 혐오스러운 장난으로 오인받아 조리 실습실을 사용하지 못해 사용허가를 위해 관련 담당자들을 설득했어야 했고 대부분의 기물과 연구비를 사비로 충당했어야 했습니다. 예산이 없어 포기하고 싶을 때 꼬깃꼬깃 접은 돈을 모아 보태겠다며 묵묵히 동거 동락한 KEIL 메뉴개발팀 제자들, 누군가에게 도움이 될 수 있는 일을 해보는 것으로 충분하다며 메뉴개발 과정 동안 끊임없이 협조해준 신승우, 박준현, 박수진, 최병철, 권민석, 신태준, 정광일, 김욱일, 석명훈 등이 없었다면 이 책은 세상에 나오지 못했을 것입니다.

식량안보로 인해 전쟁도 불사하는 시대는 오지 않을지도 모릅니다. 10억의 기아인구가 배불리 먹을 만큼의 육류 단백질 생산기술이 개발될지도 모릅니다. 그러나 우리는 현재 우리가 할 수 있는 일을 하였다고 생각합니다. 언제 나올지 모를 신기술을 기다리는 것보다는 오늘 기아로 고통받는 10억의 사람들과 영양분이 없어 죽어가는 1억 명 아이들의 배고픔을 해결할 수 있는 "맛있는 식품"을 개발하고 싶었습니다. 본 레써피 책에 담긴 메뉴는 단순한 영양이나 치료식이 아닙니다. 기아로 고통 받는 사람들만을 위한 메뉴도 아니요, 단백질을 섭취할 수 없기에 부득이 먹어야 하는 메뉴는 더더욱 아닙니다.

지구를 구하기 위해! 물을 아끼기 위해! 라는 마음으로 우리 인류가 즐겨야 하는 '맛'을 포기하면서까지 먹어야 하는 요리라면 처음부터 개발하지 않았을 것입니다. 본 저서에서 설명하는 50가지의 레써피들은 인류에게 가장 친근한, 하지만 그동안 인식하지 못했던 식자재인 식용곤충을 이용한 맛있고 영양이 풍부한 메뉴들입니다. 지구촌 모두가 즐기며 섭취해주기를 바라는 마음 하나로 밤낮으로 끊임없이 맛보고 평가하며 "내 가족이 먹는 음식"이라는 마음으로 개발한 메뉴들입니다.

Special Thanks

예산이 없어 연구를 포기하려고 했을 때 말없이 봉투를 주고 가셨던 어머니와 가족들, "쓸데없는 연구, 아무도 먹지 않을 메뉴 개발" 이 될지도 모르는 연구에 "세상에서 가장 의미 있는 연구"라는 메모로 격려해준 가족들에게 감사의 마음을 전하고자 합니다.

열악한 환경 속에서 모든 행정적 제약을 묵묵히 도와주며 연구에 대해 단 한 번의 의구심도 가지지 않고 끝까지 지원해준 최용석 교수님께 감사의 마음을 전하고자 합니다.

식자재의 배합으로 고민하고 있을 때마다 달려와 "중식과 최고의 배합" 이라며 도와주신 하헌수 교수님께 감사의 마음을 전하고자 합니다.

제철이 아니면 구하기 힘들었던 국내산 벼메뚜기와 곤충들의 영양성분 관련 자료를 망설임 없이 지원해 주셨던 곤충잠업 연구소의 강성주 연구사님께 진심으로 감사의 말씀을 드립니다.

연구의 영양학적 정보와 실험에 대한 조언을 아끼지 않았던 이연정 교수님께 감사의 마음을 전합니다.

아프리카, 라오스, 캄보디아 등지의 가뭄과 기아로 인해 어린아이들이 겪고 있는 고통의 심각성을 공유하자는 취지에 선뜻 귀중한 사진을 기증해 주신 강성모 영상 감독, 김동희 작가 두 분께 진심으로 감사의 인사를 드립니다.

끝으로 출판 업계 상황이 좋지 않음에도 내용만을 보고 과감히 출판을 도와주신 범우출판 윤재민 대표님께 감사의 마음을 전합니다. "필요한 책은 나와야 한다"며 한 번의 주저함도 없이 지원해 주신 마음 진심으로 감사를 드립니다.

2014. 8. 18

저자 Prof. 김용욱

Contents

Part 2
식용곤충의 요리법(How to Cook Edible Insects)

Contents

Contents

Part 3

메뉴별 세부 조리과정 &
Professional Recipe in English

PART 1

곤충을 먹는다는 것

(Insect & Entomophagy)

곤충을 먹는다는 것 (Insect & Entomophagy)

1. 왜 곤충인가? (Why Particularly insects?)

　지구상에서 가장 많은 생물종으로 알려진 곤충은 4억만년 전, 지구에 출현한 것으로 추정되며 고열의 사막에서부터 지구의 극점, 정글과 바다 속 등 생명이 살기 힘든 열악한 환경을 포함하여 지구 전역에서 서식하고 있는 것으로 알려져 있다. 이처럼 4억만 년이란 세월 동안 진화와 환경적응에 성공한 곤충은 지구상에 알려진 150만 생물종 중 대략 절반 정도를 차지한다(George C McGavin, 1997).

　이처럼 많은 종류의 곤충들은 인류뿐만 아니라 지구상의 모든 생물체들이 살아가는데 직·간접적인 공생관계에 있다. 실제로 해충은 전체 곤충 중에서 1~5%에 지나지 않으며 인간을 비롯한 지구의 모든 생물들은 곤충으로부터 도움을 받고 있다(국립환경과학원, 2012). Ernest A. Fortin(1941) 가 인용한 아인슈타인의 "꿀벌 종말론"에 따르면 지구상에서 꿀벌이 사라지면 식물군의 대혼란으로 인해 식물군을 먹이로 삼는 동물들이 멸종하고, 결국 먹이사슬의 정점에 있는 인간 역시 4년 안에 멸종한다는 곤충의 중요성을 설명하고 있다. 꿀벌 종말론이 진짜 아인슈타인의 주장인지는 명확하지 않으나 꿀벌이 사라질 경우 인간이 마주하게 될 피해의 규모는 측정이 불가할 만큼 클 것은 사실이다. 인간은 과거부터 현재까지 꾸준히 곤충을 활용하여 생활을 영위해 왔으며 점차 그 활용 영역을 넓혀가고 있는데 대표적인 분야로는 환경, 관광, 의료, 식품 분야 등이 있다

환경곤충의 대표적인 예로는 동애등에(Hermetica illucens)를 들 수 있다. 동애등에는 가축의 분뇨나 음식물 쓰레기 같은 유기성 폐기물을 분해하는데 탁월한 능력이 있는 것으로 알려져 있다. 미용영역에서는 벌을 이용하여 밀랍과 로열젤리를 얻어내기도 하며, 깍지벌레에서 추출한 붉은색 천연염료는 립스틱 등의 화장품 원료로 사용되고 있다(Food and Agriculture Organization, 2013). 교육용이나 애완용으로 각광받는 관상용 곤충은 나비와 장수풍뎅이를 들 수 있는데 국내에서도 관상용 곤충 시장이 점차 활성화 되고 있다. 곤충을 이용한 다양한 상품개발이 활성화됨에 따라 경제적 가치 또한 주목받고 있는데 일본은 39개현에서 곤충관을 운영하고 있으며, 영국 요크 박물관, 호주 빅토리아 박물관 등은 다양한 교재와 놀이기구를 활용하여 교육용 곤충 콘텐츠 산업을 발전시켜 부가가치를 창출하고 있다. 최근 국내에서도 함평나비축제나 예천곤충바이오엑스포처럼 곤충에 대한 홍보와 관광객 유치에 모두 성공한 사례가 나오며 지자체들마다 전략적으로 곤충을 이용한 축제 유치에 힘을 쏟고 있다(최영철, 2011). 의료영역에서는 예전부터 파리의 구더기는 신체의 괴사한 조직을 제거하는데 쓰였으며, 벌의 생산물인 밀랍과 로열젤리와 꿀은 약재 및 건강식품으로 판매되고 있다(van Huis, 2003). 한의학적 치료법을 통한 약용곤충 산업 또한 활성화되고 있다. 동의보감(1610)에서는 95종의 약용곤충을 소개하고 있으며, 본초강목(1596)에서는 106종의 곤충과 그 약효가 기록되어 있다. 예를 들어, 지렁이는 신장풍(腎臟風, 몸이 가렵고 창이 나며 얼굴이 발적되고 어지러운 증상)이나 주병(疰病, 아랫배통증 혹은 장티푸스)에 효과적인 치료제로 이용하였고, 메뚜기는 백일해(호흡기질환), 소아의 경기, 기관지 천식의 치료에 사용되었다. 귀뚜라미는 해열 작용과 간 보호에 효과가 있어 열병 및 숙취해소에 사용되었다. 그러나 최근 곤충식이 전 세계적인 주목을 받는 이유는 곤충식이 가진 영양학적 가치 때문이라 할 수 있다. 곤충은 인간이 살아가는 데 있어 필요한 필수 영양소와 충분한 양의 단백질을 함유하고 있으며, 몸에 해로운 LDL(low density lipoprotein, 저밀도 지방단백질) 콜레스테롤을 낮추어 주는 불포화지방산, 비타민B, 구리, 마그네슘, 망간, 인, 셀레늄, 비오틴, 판토텐산, 철, 아연 등의 미네랄 영양소 등이 타 식품군에 비해 풍부해 오늘날 각국의 비상한 관심을 받고 있다(wall street journal, 2011; FAO, 2013).

세계적으로 약 20억의 인구가 1900여 종의 곤충을 식용으로 사용하고 있으며 우리나라에서도 메뚜기, 굼벵이, 번데기 등이 식용으로 이용되고 있다(FAO, 2013).
미국, 영국, 호주 외 유럽의 선진국들은 식용곤충을 이용한 메뉴개발에 박차를 가하고 있으나 국내의 경우 번데기를 제외한 상용화 단계에 접근한 국내 식용곤충 메뉴개발은 미비한 상태라고 할 수 있다.

1) 곤충식이란?

국제식량농업기구(FAO)는 전 세계 20억 명 이상의 사람들이 1,900여 종의 곤충을 식용 및 식사의 일부로 섭취하고 있다고 발표하였다(FAO, 2013). 현대인에게 다소 생소할 수 있는 곤충식은 아시아, 아프리카, 아메리카 및 호주 등 세계 절반이상의 지역에서 오래전부터 섭취하던 식품으로 지역 또는 국가의 전통적인 식문화라 할 수 있다. 비록 과거에 비해 현대인의 식탁에서 곤충을 섭취하는 모습을 보는 것은 어려워졌으나 오늘날까지도 일부 국가 및 원주민의 경우 곤충식은 전통적인 주식 원으로 활용되고 있다(Heather Looy • . Florence V. Dunkel • .John R. Wood, 2013).

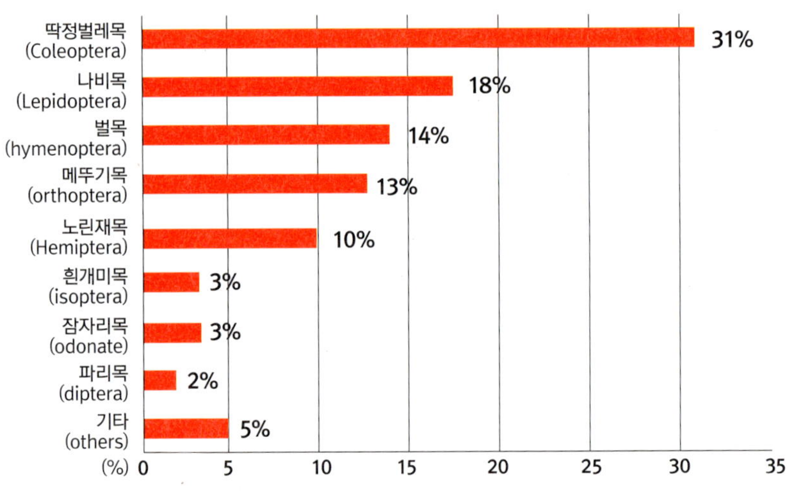

figure 1 전 세계적으로 가장 많이 섭취하는 곤충류

The eight most edible insect in world

출처: Cerritos, 2009 자료를 토대로 저자가 재구성하였음

〈Figure 1〉을 살펴보면 알 수 있듯이 세계적인 주요 식용 곤충으로는 딱정벌레(딱정벌레목)가 가장 많이 이용되며 그 뒤로 애벌레(나비목), 벌, 말벌, 개미(벌목), 메뚜기, 비황, 귀뚜라미(메뚜기목). 매미, 매미충, 멸구, 개각충, 노린재(노린재목), 흰개미(흰개미목), 잠자리(잠자리목), 파리(파리목), 기타종류가 있다. 딱정벌레목 곤충의 섭취율이 높은 이유는 애벌레 형태의 유충과 성충을 모두 섭취하기 때문이다(Cerritos, 2009). 특히 딱정벌레목에 속하는 갈색거저리의 유충(밀웜) 과 메뚜기의 경우 분포지역이 전세계적으로 넓고 대량사육기술이 개발되고 있어 아프리카, 유럽, 남미, 멕시코, 호주, 미국 등지에서 식용으로 대량 사육되고 있으며 전문적인 판매 사이트 및 레스토랑의 숫자 역시 빠르게 증가하고 있다(MBC NEWS, 2013).

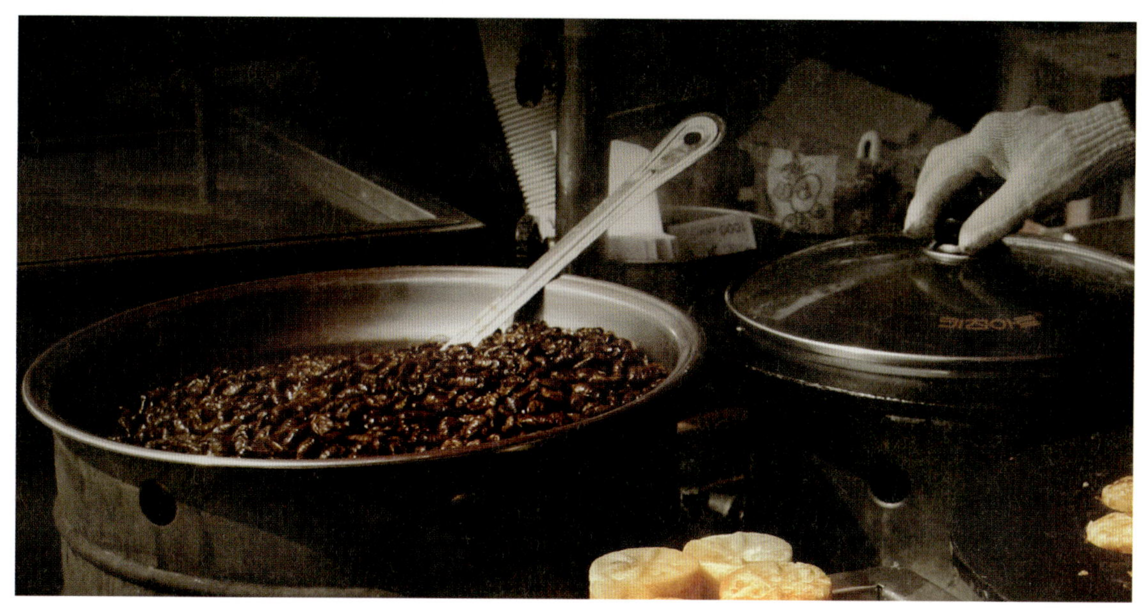

한국의 경우 전통적으로 섭취해오던 메뚜기, 식용 누에번데기, 백강잠(말린 누에고치)까지 총 3종이 식용으로 인정되어 식품으로 판매되어오다 최근 한국 식품의약품안전처에서 추가적으로 밀웜(갈색거저리 애벌레)을 한시적으로 식품원료로 사용할 수 있도록 승인하였다(Chosun Newspaper, 2014). 이처럼 높은 영양학적 가치와 사회, 문화 환경적 가치를 가지고 있는 곤충식은 인류의 식문화에서 오랜 역사를 지니고 있었음에도 불구하고 왜 일상적인 우리식탁에 먹거리로 오르지 못한 것일까? 여러 가지 가설이 존재하나 그 중에서 가장 설득력이 있는 원인으로 '혐오감에 의한 섭취 거부'를 들 수 있다(FAO, 2013).

2) 현대인은 왜 곤충식을 먹지 않게 되었을까?

"혐오감은 인간의 가장 기본적인 감정이다. 그리고 타인의 낯선 음식은 그 어떤 것 보다 확실하게 혐오감을 유발할 수 있다." (Herz, R. 2012)

분노나 기쁨과 같이 기본적인 감정처럼 느끼게 되는 혐오감은 생리학적으로, "메스꺼움(Nausea), 역겨움(Revulsion), 거리의 제약(Distancing of oneself from the offensive object)"의 3가지 특성을 보여준다고 알려져 있다.

 '혐오감'이라는 감정의 형성시기와 원인에 대해서는 다양한 가설이 존재하나 혐오감이 어린시절 학습을 통해 인식된 경우가 많고 이러한 감정적 거부반응은 낮선음식을 마주했을 때도 표출된다고 알려져 있다. 이러한 감정을 푸드 네오포비아(food neophobia)라고 한다(Raudenbush, B. and Frank, R. A. 1999; Martins, Y. and Pliner, P. 2006; Rozin, P. and Fallon, A. E. 1987). Raudenbish and Frank(1999)는 새로운 음식(Novel Food)을 접하는데 있어 발생할 수 있는 네오포비아에 영향을 주는 요인으로 감각적 친밀도(Stimulus Familiarity)에 대해 연구하였다.

 이들 연구에 따르면 새로운 음식을 대했을 때 거부감을 나타내는 "푸드 네오포비아"와 새로운 음식에 대해 거부감 없이 도전하는 "푸드 네오필리아(food Neophilia)"에 영향을 주는 원인으로 음식의 외형, 냄새, 맛을 가설로 설정하여 시행하였다. 시험결과 흥미로운 발견이 이루어졌다.

 푸드 네오필리아 와 푸드 네오포비아를 보인 실험참가자 모두 기존의 익숙한 식품에 대해 긍정적 반응을 보였으나 새로운 식품(Novel food)의 시식에 있어서는 확연한 차이를 보였다. 푸드 네오포비아 반응을 보인 참가자는 새로운 음식의 섭취 전 "맛이 없을 것"이라는 부정적 반응을 나타낸데 반해 새로운 음식에 대한 섭취 시도 빈도가 많은 푸드 네오필리아는 긍정적 반응을 나타내었다. 푸드 네오포비아의 경우 새로운 음식에 대한 시식 테스트 후에도 새로운 음식의 시식에 대한 긍정적 의지가 네오필리아에 비

해 낮게 측정되었으나 실험에 쓰인 새로운 음식의 재 시식에 대한 질문에서는 푸드 네오필리아에 비해 높은 긍정적 반응을 나타내었다(Raudenbush, B. and Frank, R. A. 1999). 즉 경험의 빈도가 네오포비아에 영향을 준다는 것과, 음식의 외형, 냄새, 맛 등의 감각적 요인들이 긍정적일 경우 새로운 음식의 섭취 전 긍정적 반응을 이끌어낼 수 있다는 사실을 확인하였다.

어린 아이들을 대상으로 시행된 음식 네오포비아(food neophobia)에 대한 실험연구 결과 역시 새로운 음식에 대한 거부반응과 그 해결책에 대한 근거를 제시하고 있다. 만 1~2세가 된 아이들은 '네오포비아(neophobia)' 즉 새로운 것에 대한 공포증이 심해지기 시작하며 정도의 차이는 있지만 대부분의 아이들은 이러한 경향을 지니고 있다고 한다.

이러한 경향은 음식에서도 예외는 아니다. '음식 네오포비아(Food neophobia)'는 낯선 음식에 대한 두려움을 나타내며 만 2~5세 때 가장 두드러지게 나타난다. 5세 이후에는 차츰 줄어들지만 이시기에 다양한 음식을 접하지 않으면 성인까지 유지가 된다고 한다(EBS 아이의 밥상 제작팀, 2010). 이를 보면 알 수 있듯이 몇몇 아시아 지역을 제외하고는 대부분의 현대인들은 유년시절부터 곤충을 접하지 않았기에 곤충식에 대한 혐오감과 부정적인 인식(곤충 공포증 Entomophobia)을 가지고 있는 경우가 많다.

앞서 언급된 연구들에서 제시하였듯이 식용곤충식 보편화의 가장 큰 저해 요소는 곤충의 외형(형태)에 따른 부정적 인식(곤충 명 포함/예를들어, 귀뚜라미 라면), 형태를 유지한 상태로의 식감, 맛 그리고 냄새라고 볼 수 있다.

따라서 곤충식이 보편화되기 위해서는 기존의 사용되던 조리법(곤충의 형태를 유지한 채 조리)에서 탈피하여 파우더와 반죽 형태를 이용한 조리가공 방식의 보편화가 필수적이라 할 수 있다(FAO,2013). 국제식량농업기구(FAO)역시 2013년 "Edible insects: future prospects for food and feed security" 보고서를 통해 식용곤충식의 보편화를 위한 메뉴개발방법으로 파우더와 반죽을 이용한 조리를 권장하고 있다(FAO, 2013).

앞서 설명된 것처럼 우리들의 식탁에서 오랜 시간 외면받은 식용곤충이 이러한 저해요인에도 불구하고 새로운 식품군으로 주목받는 가장 큰 이유는 높은 영양적인 가치 때문이다(FAO, 2013). 인간의 필수영양소 중 하나인 단백질성분 함유량 하나만을 육류단백질원과 비교할 경우 그 차이는 3배 이상이며 8대 필수 아미노산, 비필수 아미노산, 무기질, 비타민, 칼슘, 철 아연 등 의 함유량을 고려한다면 식용곤충은 그야말로 "살아 움직이는 종합 영양제"라 불려도 손색이 없는 식품이다. 이러한 식용곤충식은 사육 → 생산 → 조리 → 가공 → 유통의 전 과정에 있어 뛰어난 경제적, 환경적, 사회적 가치를 가지고 있기에 현재 인류가 일반적으로 섭취하는 식품으로는 물론 분쟁 지역 및 기아로 고통받는 지역의 영양결핍을 해소하는데 있어 그 역할이 기대되는 식품군이다.

2. 식용곤충의 사회 문화적 가치 (Sociocultural Values of Edible Insect)

축산물 대량사육 기술의 발달, 무역과 저장기술의 진화로 인하여 인류는 살아가는데 필요한 식량자원인 '단백질원'을 쉽게 구할 수 있게 되었으며 이로 인해 인류의 입맛과 식습관은 점차 변화하기 시작했다. 육류 단백질원의 섭취빈도가 높아짐에 따라 자연스럽게 변화된 식습관중 하나는 바로 식용으로 섭취하던 곤충식의 절식이다(Mignon, 2002). 과거 곤충의 식용은 매우 흔한 일이였다. 산과 들에서 채집이 가능한 메뚜기, 애벌레 등은 맛있는 간식 혹은 반찬으로 사용되기도 하였으며 현재까지도 중국, 베트남 등 아시아 국가 중 일부는 곤충의 섭취 및 판매가 일상적으로 이루어지고 있다. 태국, 중국, 라오스, 일본 등지에서는 식용곤충의 조리 및 섭취가 지역을 알리는 대표적인 문화관광 상품이 되어 관광객들의 흥미를 자극하고 있다(Yen, A.L., Hanboonsong, Y. & van Huis, A. 2013). 하지만 동양과 달리 곤충에 대한 부정적 인식이 강했던 서구사회에서 최근까지 이러한 식충성(Entomophagy)문화를 찾아보는 것은 어려운 일이였다. 그러나 이처럼 식충성 문화에 대해 부정적이었던 서구사회 역시 과거 식품으로 곤충을 섭취하였다는 내용이 여러 역사적 문헌들에서 발견되고 있다. 곤충의 식용은 교회의 성경 및 각종 고서적에서도 언급되어 있으며 성경의 레위기와 코란의 Sunaan ibn Majah에는 비황 (메뚜기의 종류)을 음식으로 설명하는 구절들이 있다.

〈성경〉 "But of the various winged insect that walk on all fours you may eat those that have jointed legs for leaping on the ground (Leviticus 11 - 21)"
그러나 네 발로 걸으며 날개가 돋은 곤충 가운데서도 발뿐 아니라 다리도 있어서 땅에서 뛰어오를 수 있는 것들은 먹을 수 있다 (레위기 11장 21절)

〈코란〉 we went out with the Prophet for Hajj or 'Umrah, and we encountered a swarm of locusts or a type of locust. we started hitting them with our whips and sandals. the Prophet said: 'Eat them for they are the game of the sea."(Sunaan ibn Majah, 4.3222)
비황은 바다의 사냥감이니 먹어도 되느니라 (Sunaan ibn Majah, 4.3222)

이처럼 곤충의 식용은 인류의 역사 속에서 매우 흔한 일이었음을 알 수 있으며 고대부터 이루어진 자연스러운 인간의 식 행동임을 보여주고 있다. 고대 그리스에서는 매미를 별미로 먹는 식문화가 있었으

며, Aristotle(아리스토텔리스, 기원전 384.322)는 Historia Animalium에서 "매미의 유충은 땅속에서 완전히 자라 약충이 된다. 그런 다음 껍질이 벗겨지기 전(허물벗기 전)이 가장 맛이 좋다."라고 말하였을 정도다. 이처럼 고대 서양사회에서 보편적이던 곤충의 식용이 점차 소외받게 된 이유는 축산 사육 기술의 발달 때문이라 할 수 있다(Ramos-Elorduy, J. 2009). 가축의 대량사육이 가능해짐에 따라 상대적으로 수렵과 채집을 통해 얻는 것이 전부였던 곤충에 대한 의존도가 줄어든 것이다. 또한 성경이나 코란 등의 종교서적에서 곤충은 식용으로 언급이 되기도 하였으나 반대로 '재앙' (출애굽기 10장1-6)으로써의 언급과 곤충의 외형적 혐오감으로 인한 "곤충은 질병과 재해를 일으킨다" 는 의구심은 더더욱 곤충의 식용화를 힘들게 하였다. (Menzel, P., and F. D'Aluisio. 1998)

한국의 경우, 과거 산과 들에서 쉽게 볼 수 있는 벼메뚜기, 애벌레 등을 간단한 간식거리 혹은 찬거리로 여기며 식용해왔다(Pemberton, R.W. 1994). 이처럼 곤충을 섭식하는 문화를 가지고 있던 한국이 곤충의 식용을 멀리한 정확한 시기는 알 수 없으나 서구문물을 받아들이면서 기존에 가지고 있던 전통, 관습(식문화 포함) 등의 변화가 이루어지면서 전통적으로 섭취해 오던 식용곤충에 대한 섭식문화 역시 변하게 되었을 것으로 추측한다. 곤충의 식용에 대한 절식은 전통적으로 한의학내 약(藥)으로 사용되거나, 추수기간 내 곡물의 미생물을 제거하는 천적곤충의 용도로 자주 쓰였던 곤충의 활용도 역시 줄어들게 하는 계기가 되었다 (Nonaka, K. 2009).

축산물의 대량사육 및 보존법 등의 기술적 발달로 인한 원인을 제외하고 현대사회에 들어 곤충을 인간의 식탁에서 멀어지게 한 원인은 무엇일까? 그 이유는 다양하지만 크게 2가지로 설명할 수 있다.

● 곤충을 먹는 문화는 미개한 문화?
● 음식은 그 나라의 가치를 나타낸다?

1) 곤충을 먹는 문화는 미개한 문화?

앞서 설명된 바와 같이 축산기술과 저장 기술의 발달로 식량자원이 풍부해진 인류는 새로운 식량자원을 찾을 필요가 없었고 덕분에 혐오감을 유발시키고 농작물을 파괴시키는 대부분의 곤충은 농경사회의 골칫거리로 전락했다. (Kellert 1993) 이러한 서구의 인식변화와 더불어 "곤충을 먹는 것은 이교도적인 것", "곤충소비는 기독교에서 매우 어긋난 것"처럼 곤충에 대한 부정적인 종교적 발언으로 곤충은 더욱 해충으로 전락하였다. 이러한 사상은 당시 서양에서 동양으로 이루어진 활발한 무역으로 인해 여전히 곤충을 식용하고 있던 동양으로 전해지게 되었으며 서양 무역상들에 의해 대부분의 동양국가들은 "미개한 나라" 라고 전해지게 되었다 (Morris 2004).

2) 음식은 그 나라의 가치를 나타낸다?

고대사회부터 인류는 국가 또는 사회의 발전수준의 기준을 삼는데 있어 음식의 풍요로움을 기준으로 두었으며 이는 암묵적으로 음식문화에 대한 규칙처럼 전해져왔다. 음식의 차이가 결국 그 나라 국민 또는 문화의 수준 차이가 된 것이다. 이로 인하여 원시적인 음식을 먹는 나라는 '미개한 종족'으로 인식하게 되었다. 과거 일부 유럽 국가들은 자신들의 식문화와 다른 타국 문화와 음식습관을 제 3국가 또는 '원시사회' 로 인식해 조롱하였다. 당시 세계를 지배했던 유럽 국가들 및 미국을 중심으로 퍼져나갔던 서양 우월주의 속에서 자신들의 식문화를 기준으로 하여 가까울수록 "진짜인간" (The People, Real People) 이라는 인식이 지배적이었으며 반대로 자신들과 다른 음식을 먹는 국가의 민족들은 '미개 또는 원시적인 종족(Primitive)'으로 여기는 풍조가 존재했다. 이러한 인식은 당시 선진국들을 중심으로 활성화된 무역을 통해 전 세계 여러 나라로 전해졌고 문물을 개방하는 많은 아시아 및 타 대륙의 국가 역시 '미개, 원시'라는 이미지에서 탈피하기 위해 자신들의 식문화를 변화시킨 것이다(Diamond, 1992).

3. 곤충의 환경적 가치 (Environmental Values of Edibile Insect)

오늘날 우리의 식탁에 오르는 주요 육류 식품들은 인간이 살아가는데 있어 필수 영양소인 단백질원을 공급하지만 육류 식품은 지구 전체 온실가스의 51% 이상을 방출하고 있어 환경오염의 주요 원인으로 인식되고 있다(Worldwatch Institute, 2009). 과도한 축산물의 대량사육과 증가하는 소비로 인해 환경파괴의 핵심 쟁점으로 떠오른 육류단백질을 대신할 수 있는 새로운 단백질원인 곤충은 육류단백질원인 돼지나 소에 비해 내뿜는 온실가스의 양이 최대 100배 정도 낮다(FAO, 2013).

곤충과 돼지의 온실가스 배출량

(The Comparison Chart of Greenhouse Gas Emissions between Insects and Pig)

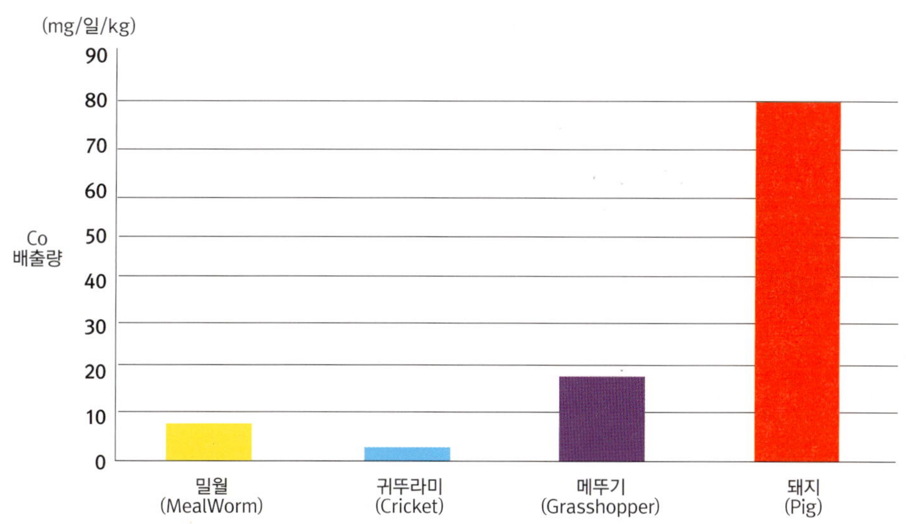

출처 : Huis, A. V. et al. (2013) 자료를 토대로 저자가 재구성하였음

또한, 곤충은 환경적인 측면에서 가축의 배설물과 음식물쓰레기 등 유기성 폐기물을 청소해주는 청소부 역할을 하며(BBC, 2014) 친환경식품이 유행하는 요즘 농약대신 천적용 곤충을 이용하여 안전한 농산물 생산, 생태 보전, 농민의 건강 보호, 해충저항성 유발의 우려를 해소(농촌진흥청, 2012)할 수 있다.

1) 환경정화용 곤충과 천적용 곤충

곤충은 사육되고 있는 다른 동물들과 다르게 사료의 효율성이 높기 때문에 환경 친화적이다. 예를 들어 메뚜기 1kg을 생산하기 위해서는 2kg의 사료면 충분하지만 소 한 마리를 사육하기 위해선 340kg의 사료가 필요하다. 결국 사료를 생산하기 위해 소비되는 농지 보호와, 기계의 사용을 줄여 환경을 보호하는 것이다. 또한 곤충은 소나 돼지보다 온실가스와 암모니아 등 산화가스를 적게 배출하여 환경오염을 막으며 소규모 공간에서 부엽토와 물만으로도 사육이 가능해 친환경적인 식재료로 불린다.

 소와 곤충의 사료량과 Co2 발생량 비교
(Feed Consumption & Co2 Generation of Insects and Cow)

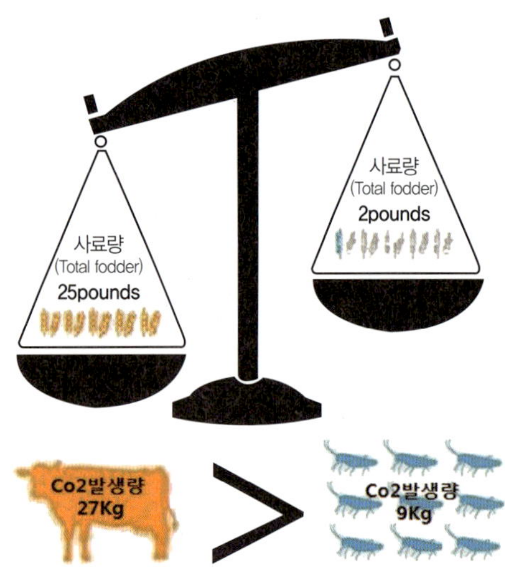

출처: CNN, (2013) Can a palm weevil cure world hunger?, Inside Africa 자료를 토대로 저자가 재구성하였음.

육류소비량의 급증에 따라 축산업의 규모도 점차 확대되고 있으며, 그 규모는 지속해서 확대될 전망이다(Worldwatch Institute, 2011). 그러나 축산업이 발달하는 만큼 축산분뇨도 증대됨에 따라 가축 분뇨를 정화할 수 있는 토양의 수용능력을 초과할 경우 이는 주요한 수질 및 토양 오염원 등 환경오염을 일으킬 것으로 우려되고 있다(choi, J. Y. and Shin, E. S., 1992). 이러한 축산분뇨 문제에 있어 환경정화곤충은 현재까지 개발된 축산분해 방식 중 가장 친환경적인 방식으로 평가되고 있다. 환경정화곤충은 자연에서 발생되는 가축의 분뇨, 음식물 쓰레기 등 유기성폐기물을 분해시켜 쾌적한 환경을 유지하게 하는 곤충(박성준 외 6명, 2012)으로 쇠똥구리(Gymnopleurus mopsus), 집파리유충(Hemolymph), 동애등에(Ptecticus tenebrifer)를 예로 들 수 있다. 무엇보다 환경정화용곤충이 각광받는 이유는 적정 온도만 유지하면 잘 자라기 때문에 사육이 쉬우며, 유기성폐기물을 처리하고 퇴비를 얻을 수 있기 때문에 일석이조의 효과를 볼 수 있다(조선일보, 2009). 신이 내린 곤충이라고 평가받는 동애등에 같은 경우 45,000마리의 동애등에가 24kg의 돼지분뇨를 14일 만에 분해하며 분해 시 등에에서 발생하는 분변토는 다시 미꾸라지 등 다른 동식물의 친환경 사료가 되어 환경정화에 도움을 주고 있다(Joseph W. et al., 2009).

집파리유충을 이용한 축산분뇨 처리 역시 각광받고 있다. 기존의 미생물 또는 화학적 처리를 사용하는 방법으로는 6개월이 걸리는 양을 집파리 유충을 이용하면 7일 이내로 단축하고 메탄가스 등 온실가스 발생 역시 절반 이상 줄일 수 있다(중앙일보, 2011).

천적용 곤충은 작물의 생산과정에서 생산성을 저하하는 해충을 억제하는데 주로 이용되는 곤충(박성준 외 6명, 2012)으로 잔류농약이 각종 질병과 환경오염을 일으킬 수 있다는 우려의 목소리가 높아지면서 활성화되기 시작하였다. 천적용 곤충은 농약대신 병해충을 방제하여 질좋은 농산물을 생산할 수 있다. 천적용 곤충이 관심받기 시작한 것은 1888년 미국 캘리포니아에서 감귤해충인 이세리아 깍지벌레(Icerya purchasi)를 베달리아 무당벌레(Vedalia cadicalis)를 이용해 구제가 처음으로 성공한 이후 관심받기 시작했으며, 네덜란드의 Koppert나 벨기에 Biobest 같은 세계적인 천적곤충개발회사들은 천적곤충으로 막대한 이익을 창출하였다. 국내에서도 1976년 일본에서 깍지벌레 천적을 처음 도입하였으며 천적곤충 시설농업을 중심으로 꾸준히 발전하고 있다(변영웅 외 4명, 2012; John L et al., 2010).

2) 물발자국(Water Footprint)과 가상수(Virtual Water)

우리는 하루에 얼마만큼의 물을 사용하고 있을까? 일반적으로 물을 쓴다고 하면 가시적으로 눈에 보이는 물 즉, 밥을 하거나, 빨래나 설거지, 씻을 때 쓰이는 물만 생각하기 쉽다. 하지만 실제로 우리가 사용하고 있는 물의 총량은 보이는 물과 보이지 않는 물이 합쳐진 것이라는 것을 인식하는 사람은 많지 않다. 예를 들어 햄버거 1개를 얻기 위해서는 2400L의 물이 소모된다. 여기에는 햄버거에 들어가는 채소를 기르는데 쓰이는 물, 육류 햄버거 패티를 만들기 위한 소, 돼지를 사육하는데 쓰이는 물, 햄버거 빵을 만들기 위해 사용된 물, 햄버거패티를 요리할 때 쓰이는 물, 포장이나 운송과정에서 발생하는 눈에 보이지 않는 물까지 모두 포함한다. 이처럼 하나의 식품이 만들어지기까지 사용되는 물은 우리가 생각하는 것보다 엄청나며 그 규모는 시간이 지날수록 늘어나고 있다. 이처럼 물의 사용이 증가함에 따라 국가별 물 사용량과 이용가능한 수자원량의 효율적 이용법에 대해 세계 각국은 많은 관심을 보이고 있다.

경제협력개발기구(OECD)에서 발표한 '2050년 환경전망 보고서'에 따르면 우리나라는 OECD국가 중 가장 심각한 물 스트레스를 받고 있는 나라에 속해있다(OECD, 2012). 우리나라 1인당 물 사용량은 365L로 독일의 3배 수준이다. 독일 132L, 프랑스 281L, 영국 323L, 일본 357L로 우리나라 물 낭비 수준은 매우 심각한 수준이다(강희찬, 2010). 지구온난화에 의한 기후변화로 인해 가뭄과 홍수 등 자연재해는 과거보다 빈번하게 발생하고 있으며, 화학비료, 농업용살충제, 화학물질, 산업 폐기물등 산업화로 인한 오염수의 증가와 정수 및 하수처리미비, 노후화로 인해 발생하는 수질오염은 인류의 생존을 위협하는 단계까지 왔다고 할 수 있다(UN, 2010). 이러한 물 문제로 인하여 이미 세계 주요 국가들은 물이 어떤 경로로 이동되고 사용하는지 알 수 있는 '물발자국(Water Footprint)'이라는 개념을 도입하여 지속가능한 물 관리 정책에 반영하고 있다(Water Journal, 2014).

가상수란 위에서 설명된 바와 같이 "보이지 않는 물"을 뜻한다. 1998년 영국 University of London 교수인 토니앨런(J. A. Allan)이 소개하면서 알려졌는데 처음에 소개된 가상수(Virtual Water)란 "농산물 생산에 사용되고 있는 물"이란 뜻으로 수자원이 부족한 국가가 타국에서 농산물을 수입할 경우 눈에 보이지는 않지만 농산물 생산에 사용되는 물까지 수입하는 효과가 발생한다고 하였다. 예를 들어 옥수수 1kg 수입하였을 때 옥수수 1kg을 생산하기 위해 사용된 1,222L의 물까지 수입한 셈이 되는 것이다(A. Y. Hoekstra, 2003).

이러한 가상수의 개념을 이용하여 2002년 Hoekstra와 Hung은 물발자국 (Water Footprint)을 정의하였다. 물발자국은 제품이 생산·유통·소비 단계에 사용되는 총체적인 물을 말하며, 한 국가 내의 수자 원 총량 산출 시 국제무역을 통해 수출, 수입되는 물의 양까지 고려하여 산출되며 이는 해당 국가의 물의유입과 유출까지 포함하여 계산한 것으로 지금도 국제구조수리환경공학연구소(UNESCO-IHE)를 중심으로 많은 연구가 이루어지고 있다.

물발자국은 다시 말하면 국가별 작물과 생산량 및 수출입량을 산정하여 가상수의 이동을 추정하는 것이다. 이 이론에 의하면 우리나라는 1997년~2001년 기간 동안 가상수 순 수입량이 320억 리터에 달하며 가상수 수입국 5위를 차지하였다. Hoekstra는 물발자국을 크게 녹색, 청색, 회색 3가지 형태로 분류하였다. 녹색 물발자국은 자연적인 강우를 통하여 공급된 물로 녹색수자원(흐르는 상태가 되지 않는 빗물)의 소비를 가리킨다. 청색물발자국은 제품을 생산하기 위해 사용한 관개용수와 소비·유통될 때 사용된 물의 총량을 뜻한다. 회색 물발자국은 오염수를 가리키는 것으로 제품이나 서비스를 생산할 때 발생하는 오염된 물의 양을 말하며, 오염원을 수질기준에 적합하도록 정화하는데 필요한 물의 양으로 정의한다(M. M. Mekonnen and A. Y. Hoekstra., 2011). 물발자국 중 약 85%가 농축산물의 생산·소비와 관련이 있는데 이는 인류가 사용하는 대부분의 물이 농축산업 분야에서 사용되고 있다는 것을 의미한다 (Water Journal, 2014).

● 식품의 물발자국 (녹색, 청색, 회색발자국)

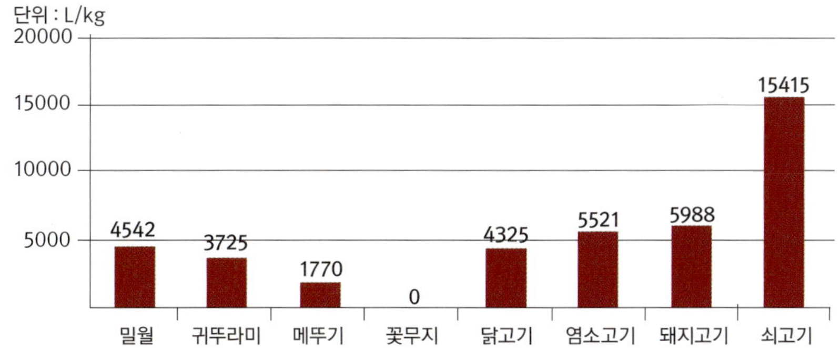

출처 : 물발자국(http://www.waterfootprint.org)

　일상에서 사용되는 물소비량의 90%가 식량생산에 사용되며 그중에서 특히 육류를 생산하는데 있어 가장 많은 물이 필요하다. 식품을 생산하는데 사용되는 물의 양에 따라 등급으로 구분할 경우 쇠고기의 경우 15,415L, 돼지고기 5988L, 닭고기 4325L로 식품군 중 가장 많은 물을 사용하는 식품들이라 할 수 있다. 영국 런던대학교 교수 토니앨런(J. A. Allan)은 이처럼 물의 사용량이 많은 육류(단백질)소비를 줄여야 한다고 주장하였다(보이지 않는 물 가상수, 2012). 그렇다면 이처럼 많은 물을 사용하는 육류를 대체할 수 있는 새로운 단백질원인 식용곤충의 물발자국은 어떨까?

figure 5 곤충과 육류의 가상수(Insect and Meat Virtual Water)

출처 : 물발자국(http://www.waterfootprint.org)

　본 서적에 명시된 곤충의 물발자국 수치는 메뚜기를 제외하고 저자가 직접 사육한 식용곤충의 먹이로 쓰인 채소류의 물발자국과 사육기간을 계산하여 나온 값으로 사육환경, 곤충의 종, 먹이에 따라 다소 편

차가 발생할 수 있다.

귀뚜라미 1kg당 3725L

귀뚜라미 1kg은 약 804마리로 성충이 되기까지 5개월이 걸리며 먹이를 배추로 가정하여 사육한 결과, 23.4포기의 배추가 사용되었다. 23.4포기 배추의 물발자국은 3725L 이므로 귀뚜라미 1kg당 가상수는 3725L이다.

메뚜기 1kg당 1770L

메뚜기 먹이를 사료로 가정했을 때 1kg(200마리)당 1770L 물이 사용된다. 즉, 메뚜기 1마리당 8.85L의 물이 사용된다. 메뚜기의 경우 온도의 변화에 민감하여 전문 사육시설을 제외하면 4계절 사육이 불가하여 선행 발표된 2차 실험 자료 및 관계자 인터뷰(옥수수 잎, 볏짚)를 토대로 계산하였다.

밀웜 1kg당 2338L

상추의 물발자국 (A)

밀웜 사육에 있어 수분과 영양분의 섭취를 위해 상추와 밀기울을 각각 사용하였다. 상추의 물발자국은 1kg당 130L (상추 1장당 평균 7g, 1장이 100마리의 3일 먹이량*10일=1달 70g)이며 밀웜 1kg(대략 8333마리)당 1달 소비되는 상추의 양은 5823g이다. 이때 상추 8832g의 물발자국은 757L(1000:130L=5832:xL)이고 이 상추를 최소 4개월~최대 8개월 소비하므로 757L × 4~8개월 = 최소 3028L~6056L이므로 A=평균 4542L(밀웜 1kg당 상추의 가상수)의 물이 사용된다

밀기울의 물발자국 (B)

밀기울은 제분 밀로부터 밀가루와 배아를 분리한 나머지의 것으로, 종자의 피가 대부분이지만 소량의 배유부, 배아부를 함유하고 있다. 일반적으로 밀기울의 비율은 2~2.5% 정도이다. WFP계산기로 물발자국을 구했을 때 밀 1kg는 물발자국 997.4L으로 계산되었다. 밀1kg당 밀기울 20~25g이므로 밀기울 20g~25g=물발자국 19.94L~24.93L의 평균치는 22.435L 가 사용되었다. 본 실험에서는 국내 밀웜을 사육하는 농장 관계자의 협조와 해외 식용곤충식 판매 관계자와의 인터뷰를 통해 1개월 기준 밀웜 1kg에 쓰이는 밀기울의 양을 설정하였다. 1개월에 밀웜 1kg가 먹는 밀기울의 양은 평균 50g이기에, 밀웜 1kg(8333마리)당 밀기울 가상수(최소 120일~최대240일)=최소 22.435L × 4개월~최대 22.435 × 8개월 = 약 89.74L~179.48L(B)이다.

B= 평균 134.61L

각각의 밀웜 1kg을 합한 것이므로 밀웜 2kg당 밀기울의 가상수이므로 밀웜의 간접가상수는 상추가상수와 밀기울가상수를 합친 수의 절반인 2338L이다.

흰점박이 꽃무지 유충 (N/A)

흰점박이 꽃무지 유충은 흙(부엽토) 속에서 나무 부스러기나 흙속에 존재하는 수분을 섭취하며 자라기에 생육기간 동안 소모되는 수분의 양을 계산할 수 없다.

물발자국 관련 선행연구들과 위의 실험을 종합한 결과 곤충은 육류에 비해 물이 현저히 적게 소비된다. 본 서적에 기재된 곤충의 물발자국 개념은 아직까지 세계적으로 발표된 적이 없기에 앞으로 환경, 수자원, 식품 관련 분야 전문가들의 많은 관심이 필요하다 할 수 있다. 전 세계적으로 아직 동일한 단백질 및 기타 영양소를 얻기 위해 육류와 같은 중량의 식용곤충을 사육하는데 필요한 물의 양에 대해 발표된 연구는 아직 확인된 바 없다.

물발자국 등급

본 서적의 Part 2 부분에서 소개될 조리법에는 식용곤충을 이용하여 조리된 메뉴의 물 소비량에 따라 물발자국 등급이 설정되어 있다. 이러한 등급은 물발자국 개념을 적용하였을 때 가장 작게 소비하는 토마토(214ℓ)를 최소단위 기준점으로 설정하여 그 이하는 A등급으로 지정하였으며 물발자국이 가장 높은 초콜릿(17196ℓ)을 최대단위로 설정하여 그 이상은 F등급으로 지정하였다.

Table 1 물발자국 등급표

(Water Footprint Grades of Menu by Water Consumption)

등급	물발자국 범위(ℓ)
A	0 ~ 214
B	215 ~ 4352.4
C	4352.5 ~ 8490
D	8491 ~ 12629.4
F	12629.5 ~ 17196

4. 곤충의 영양학적 가치 (Nutritional Values of Edible Insects)

영양소란 신체의 성장과 건강의 유지, 증진 등 정상적인 생리기능을 영위하기 위해서 섭취해야 하는 영양성분을 말한다(채범석, 1998). 인체를 구성하는 수많은 영양소 중 탄수화물, 단백질, 지방은 체내에서 가장 중요한 역할을 하는 영양소들이다. 그중 단백질은 세 가지 영양소 중 가장 중요한 영양소로 인간의 주요 에너지를 생성하는 역할을 한다. 단백질이 다른 필수영양소와 다른 점은 탄수화물 또는 지방은 단백질로 변환이 불가능하지만 단백질은 다른 영양소로 변환이 가능하다는 점이다. 다시 말해 단백질은 다른 영양소의 섭취를 통해 대체하는 것이 불가능하며 인간의 생명유지를 위해서 필요한 절대적인 영양소라는 것이다(한국식품과학회, 2004).

현재 인류의 단백질원 중 대부분은 육류 또는 어류에서 그 섭취가 이루어진다. 그러나 빠른 속도로 증가하는 세계인구와 그에 따른 단백질 소비증가는 육류 식품의 수요와 공급의 불균형을 초래하고 있다. UN보고서에 따르면 2050년, 단백질 공급을 위한 육류, 조류 사육으로 지구 전체 농토 중 1/3 이상이 불모지에 가까운 토지로 변하며 어류의 70%이상이 멸종할 수 있다고 한다(UN, 2010). 단백질원의 부족과 생산에 따른 환경오염 문제가 점차 심화됨에 따라 선진국과 UN, FAO 등의 국제 NGO 기관들을 중심으로 육류와 생선의 단백질 함유량을 대체할 수 있는 새로운 단백질 식품을 찾게 되었고, 그 과정에서 많은 양의 개체수를 생산할 수 있으며, 영양성분 또한 육류 또는 어류와 비슷하거나 더 많은 함량을 포함하고 있는 곤충이 새로운 대체식품으로 주목받기 시작했다(FAO, 2013).

Table 2 육류단백질과 곤충 단백질의 비교
(The comparison chart between Animal based protein and Insect based Protein)

Common ingredient(100g)	갈색거저리	벼메뚜기	귀뚜라미	꽃무지유충	돼지고기	소고기
열량(Kcal)	541.86Kcal	377.9Kcal	203.7Kcal	422.81Kcal	348Kcal	148Kcal
수분(Moisture)	2.9g	4 –10g	5.96g	6.66g	48.9g	71.6g
탄수화물(Carbohydrate)	9.32g	N/D	N/D	10.56g	8g	0.2g
지방(Fat)	33.77g	10.7g	10.9g	16.57g	26.4g	6.3g
단백질(Protein)	50.32g	70.4g	26.4g	57.86g	15.8g	20.8g

※ 소고기와 비교하여 단백질 함량이 3배 이상 높은 것을 알 수 있다

곤충은 사람이 활동하는데 있어 필수 영양소인 단백질 외 탄수화물, 불포화지방산, 비타민, 무기질 등의 함량이 풍부하기 때문에 새로운 단백질 식품으로써 사용이 용이하다. 대표적인 육류단백질원인 소고기는 100g당 20.8g의 단백질과 6.3g의 지방을 함유하고있으며 0.2g의 탄수화물과 148kcal의 열량을 낼수있지만 같은 중량으로 건조시킨 꽃무지애벌레는 57.86g의 단백질과 16.57g의 지방을 함유하고 있으며 10.56g의 탄수화물과 422.81kcal를 포함하고 있어 소고기와 비교해 2배이상 단백질함량이 높고 포화지방함유량은 낮아 영양적인 측면에서 높은 가치를 지닌 식재료임을 알 수 있다(농촌진흥청, 2014; Ramos-Elorduy, and co-workers, 1997).

Table 3 곤충분류별 평균 단백질 함량

(Average Protein content by Insect Taxonomic order)

곤충목	단계	단백질함량(%)
딱정벌레목(Coleoptera)	성충 및 유충	23~66%
나비목(Lepidoptera)	번데기 및 유충	14~68%
노린재목(Hemiptera)	성충 및 유충	42~74%
매미목(Homoptera)	성충, 유충 및 알	45~57%
벌목(Hymenoptera)	성충, 번데기, 유충 및 알	13~77%
잠자리목(Odonta)	성충 및 수서약충	46~65%
메뚜기목(Orthoptera)	성충 및 약충	23~65%

출처: FAO, (2013), Edible insects Future prospects for food and feed security 자료를 토대로 저자가 재구성하였음

5. 곤충의 약용적 가치 (Medicinal Values of Edible Insects)

곤충이 정확히 언제부터 약용으로 사용되었는지는 명확하지 않으나 동·서양의 고문헌과 기독교, 유대교, 이슬람교 등의 종교 문헌에 다수 기록되어 있다. 중국은 오래전부터 곤충의 식용 및 약용이 일반적인 국가로서, 그 역사가 무려 3000년 이상으로 추정된다(FAO, 2013). 중국 명(明)나라 시대의 이시진이 저술한 의서(醫書), 《본초강목(1596년)》과 조선시대의 허준이 저술한 《동의보감》에서는 각각 106종과 95종의 곤충이 가진 효능이 기록되어 있으며 질병 치료나 건강유지를 위한 민간약재로 곤충이 사용되어졌던 기록이 남아있다 (남중희, 2000).

 약용으로 사용되는 곤충 (Insects used for medicinal purpose)

분류	한글명	영문명	한방학명
메뚜기목 (Orthoptera)	귀뚜라미*, 여치 땅강아지* 벼메뚜기*, 메뚜기*	Cricket, Katydid Mole cricket Grasshopper	실율 누고 작호
사마귀목 (Mantid)	사마귀*의 난소	Narrow winged Praying Mantis	상표소
바퀴벌레목 (Blattodea)	바퀴벌레*	Cockroach	서충
벌목 (Hymenoptera)	꿀벌* 어리호박벌 황어리호박벌 장수말벌	Honey bee Black xylocopid Yellow Xylocopid Vespa mandarina	꿀 밀랍 죽봉 노봉방
노린재목 (Hemiptera)	혹벌과, 너도밤나무의 벌레혹 유지매미(탈피각)* 검정매미 매미 노린재* 중국 옻나무 진딧물 락깍지벌레	Glla Yurcica Large brown cicada Black cicada Cicada Soldier bug Chinese sumac gall aphid Laccifer lacca	물식자 선퇴 홍랑자 금선화 구향충 오배자 자경
딱정벌레목 (Coleoptera)	물방개 가뢰류(Mylabris류) 가뢰류(Meloe류) 청가뢰 장수풍뎅이*, 꽃무지풍뎅이(유충)* 분충*	Diving beetle Tiger beetle Blister beetle Cantharis rhinoceros beetle larva, Flower Beetle larva Blowfly larva	용신 반모 지담 청랑자 제조 제조 교랑
나비목 (Lepidoptera)	누에(경화병잠) 누에 똥 누에고치 나비, 노린재	Silkworm silkworm droppings Cocoon Butterfly, Soldier bug	백강잠 잠사 잠견 동충하초
풀잠자리목 (Neuroptera)	뱀잠자리	Dobsonfly	뱀잠자리 유충
파리목 (Diptera)	등에*, 꽃등에 파리(검정빰금파리)	Horsefly, dronefly chrysomyia pinguis	망충 오각충

출처: 여러 나라 곤충의 자원화와 그 이용. (2000) 자료를 토대로 저자가 재구성하였음

* 식용으로 사용 가능한 곤충

FAO(2013)에 따르면 현재까지 전 세계 분류된 곤충 중 대략 1900여 종의 곤충이 식용으로 이용되고 있다고 하며, 대표적인 식용곤충으로는 벼메뚜기, 귀뚜라미, 땅강아지, 갈색거저리, 사마귀, 꿀벌, 개미,

유지매미, 노린재, 장수풍뎅이, 꽃무지애벌래, 분충이 있다(Table 4 참조). 이 밖에도 물방개, 물땡땡이, 바퀴벌레, 집파리, 물자라, 누에나방, 노랑쐐기나방, 날작돌좀, 방아깨비, 콩중이, 풀무치, 각날도래류등 수십 종의 곤충이 식용자원으로 사용이 가능하다. 현재 국내 식약청 승인을 받아 식용으로 사육 → 유통 → 판매가 가능한 식용곤충은 벼메뚜기와 누에, 번데기가 있으며 갈색거저리(밀웜)의 경우 2014년 7월 식약청으로부터 한시적 식품허가를 받아 식품으로의 사용이 승인된 상태이다. 이밖에도 해외에서는 이미 식용으로 판매되고 있는 야자바구니 유충(Sago worm), 대나무 애벌레(Bamboo worm) 등과 유사한 국내 흰점박이꽃무지유충 과 귀뚜라미의 경우 2014~2015년 내에 식품으로 등록될 것으로 알려져 있다.

Table 5 곤충의 한의학적, 양의학적 효능

(The Medical effect of Insects in Western Medicine and Traditional Korean Medicine)

종류	한의학적 효능	양의학적 효능
귀뚜라미	해열제, 이뇨제, 신경마비, 소변불통 및 부인의 난산 등에 사용	토코페롤을 통한 알콜해독능력상승, 글루타치온 에스 트랜스퍼라제의 활성을 이용한 간보호 효과
벼메뚜기	백날해치료, 천식치료, 위장기능강화, 비장기능강화, 정력강화	풍부한 단백질 성분으로 단백질보충, 트립신이 풍부하여 소화기능 촉진
갈색거저리	기침·가래·토혈 치료, 중풍과 반신불수 등의 치료효과	불포화지방산 풍부, 무기질과 식이섬유가 풍부해 식이요법에 도움
흰점박이 꽃무지유충	강정제, 통증 완화, 악성 부스럼 치료	니아신을 통한 독소해독과 혈액순환개선
번데기	심신발육 촉진, 해열제, 당뇨병예방, 고지혈증 개선 및 피부보습 효과	레시틴을 통한 뇌신경세포 조직발달
불개미	기침·감기·천식 치료, 동맥경화 치료에 효과	수분과 섬유소가 풍부해 고혈압 예방

출처 : 여러나라 곤충의 자원화와 그 이용. (2000) 자료를 토대로 저자가 재구성하였음

〈Table6〉에서 알 수 있듯이 곤충이 함유하고 있는 풍부한 무기질과 지방산, 아미노산 등의 함유량은 육류단백질에서는 찾아볼 수 없거나 소량만이 함유되어 있는 것이 대부분이기 때문에 그 영양학적, 식의학적 효능의 가치가 탁월하다고 할 수 있다. 또한 인간이 화학적 방법을 통해 인위적으로 만든 영양성분이 아닌 자연에서 얻은 영양성분이기에 섭취 시 인체에 위해하지 않다.

 각 곤충별 함유된 아미노산 및 영양소

곤충 명	영양소	효능
밀웜	스레오닌 (threonine)	콜라겐형성, 면역 강화, 간에 지방 형성억제, 장기능 향상
	발린 (valine)	근육 구성 물질, 피로회복, 두뇌활동 촉진
	루신 (leucine)	근육 손실을 최소화
	니신 (lysine)	인체조직 생성, 성장에 도움, (항체, 호르몬, 효소를 만드는 기능), 골다공증 예방, 호르몬 생성
	불포화 지방산 (unsaturated fatty acids)	설사, 비만을 막아줌, 전립선의 이상을 막음
	단가 불포화지방산 (monounsturated fatty acids)	혈액 내의 콜레스테롤 수치를 낮추어 심장질환의 발병위험을 낮춤
귀뚜라미	루신 (leucine)	근육 손실을 최소화
	니신 (lysine)	인체조직 생성, 성장에 도움, (항체, 호르몬, 효소를 만드는 기능), 골다공증 예방, 호로몬 생성
	올레 아미노산 (oleic acid /오메가 9)	혈액내 콜레스테롤 수치를 낮춤, 동맥경화, 심혈관계 질환을 예방, 체내 숨 흡수를 도움, 항암효과.
	lioleic acid 지방산 (오메가 6)	콜레스테롤 배설, 동맥경화의 예방
메뚜기	트립신(Trypsin)	자액에서 분비되는 효소로, 펩신과 함께 제일 중요한 단백질 분해 효소, 소화기능의 절대적인 영향을 미친다.
꽃무지 유충	히스타민 아미노산 (histidine acid)	유아기에 있어 필수 아미노산, 알레르기 증상 완화, 혈액 생성, 여성의 불감증해소, 남성의 성욕증진, 위액산 생산 증가로 소화에 도움
	니신 아미노산 (lysine acid)	인체조직 생성, 성장에 도움, (항체, 호르몬, 효소를 만드는 기능), 골다공증 예방, 호르몬 생성
	글루타믹 아미노산 (Glutamic acid)	두뇌의 연료역할, 기억력 향상, 인지능력 개선
	프롤린 아미노산 (proline acid)	콜라겐 생성에 도움, 연골형성.
	올레 아미노산 (oleic acid /오메가 9)	혈액 내 콜레스테롤 수치를 낮춤, 동맥경화, 심혈관계 질환을 예방, 체내 숨 흡수를 도움, 항암효과.
	무기질	칼륨, 인, 마그네슘이 많이 함유, 비타민 b3의 함량이 높다
개미	수분과 섬유소가 풍부해 고혈압을 예방한다. 또한 기침, 감기, 천식 치료와 동맥경화 치료에 효과적이다	

6. 곤충식의 경제적 가치 (Economic Values of Edible Insects)

곤충을 활용한 산업은 식용, 농업, 의학, 신소재, 관광 및 축제 등의 분야로 점차 확대되어 가고 있으며 21세기 신성장 동력산업으로 주목받고 있다(농진청, 2011). 국내에서 식용으로 사용되는 메뚜기, 번데기 등은 이미 식재료로써의 가능성과 맛을 인정받아 일상에서 구매 및 섭식이 가능한 상태이며 최근 갈색거저리(밀웜)가 식재료로 인정되면서 식용으로써의 가치가 인정되었다. 한국보다 앞서 식용곤충식의 상용화를 추진중인 네덜란드, 미국, 영국, 멕시코, 일본, 캄보디아의 경우 중요도시에서 판매처와 레스토랑 등을 운영중에 있다.

Table 7 세계 식용곤충 판매처 (The list of shops and restaurants for edible insects)

상호명	식용곤충 판매 사이트 주소	설명
HOTLIX	www.hotlix.com	미국에서 유일한 판매처, 레스토랑 공급업체
Rainbow mealworms	http://www.rainbowmealworms.net	남부 캘리포니아 컴프턴 곤충 농장
Chapul	http://chapul.com	현재 미국 전역 75개 이상 매장에서 판매, 분말을 사용하여 에너지 바 형태로 판매
Buggrub	http://buggrub.ccom	분말, 형태 그대로의 식용곤충, 반 조리한 식용곤충 등 다양한 제품 판매
UniqueThailand	www.thailandunique.com	보드카, 반 조리한 식용곤충 등을 좋은 가격에 판매, 태국현지에서 제조
Girl Meets Bug	http://edibug.wordpress.com/where-to-get-bugs/	식용곤충을 직접 조리 또는 생산하여 공급하지는 않으나 전 세계 20 여개 이상의 레스토랑과 식용곤충 판매처를 주기적으로 업데이트 하여 보여준다.

출처 : 여러나라 곤충의 자원화와 그 이용. (2000) 자료를 토대로 저자가 재구성하였음

아시아의 곤충식 대국으로 불리는 태국의 경우 조리방식은 다소 전통적이고 단순할 수 있으나 활용되는 곤충의 수는 세계최대 수준으로 평가받고 있다. 태국에 기반을 둔 유니크타일랜드(Unique Thailand)사의 경우 바삭한 식감이 좋은 베짜기 개미, 자신의 배를 몇 배 이상 부풀려 꿀을 저장하는 꿀개미(Honeypot ant), 등을 활용한 쥬스와 토핑 등의 곤충식 식품을 판매중이다. 식용 못지않게 애완용으로 각광받고 있는 딱정벌레와 전갈, 누에 역시 사육하여 수익을 창출하는 농가가 증가하고 있으며, 곤충을 연구하는 연구소 또한 증가하고 있다. 국내의 경우 이처럼 다양한 분야에서 활용이 가능한 곤충산업

의 활성화를 위해 농림수산식품부는 〈곤충산업의 육성 및 지원에 관한 법률〉을 제정(2010.8)하여 2020년 까지 곤충산업을 7,000억 원대의 산업으로 육성할 계획을 발표하였다. 이에 2011년 곤충산업 기반을 조성하기 위해 〈제1차 곤충산업 육성 5개년 계획〉을 수립하고, 곤충사육 시범농가 활성화와 곤충산업의 핵심인 곤충 생산시설을 확충하여 곤충을 이용한 친환경 농산물 생산 등에 힘쓰고 있다. 관련법률 재정과 계획수립에 따라 국내 곤충산업은 2009년 1천억 원대에서 2015년 3천억 원대의 시장규모로 발전할 것으로 예상되고 있다(농림수산식품부, 2011).

figure 6 곤충의 분야별 경제적 가치(Economic Value of Insect)

1. 화분 매개
(pollination)
꿀벌, 뒤영벌, 가위벌
(Bee)
800억원(80 billion won)

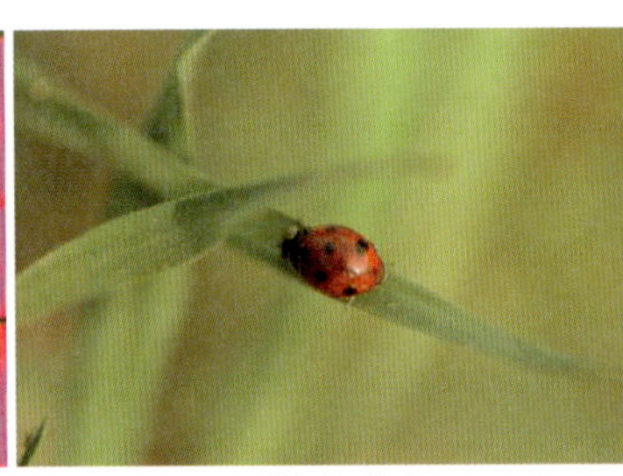

2. 천적 제거
(Remove nemesis)
무당벌레, 진디혹파리, 칠레이리응애
(Ladybug)
300억원(30 billion won)

3. 식용, 사료용, 의약용
(food, fodder, pharmaceutical)
갈색거저리, 돈애등애, 풍뎅이유충, 거미, 거머리 등
(Larvae, spiders)
700억원(70 billion won)

4. 지역 축제
(area festival)
나비류, 반딧불이
(Butterflies, fireflies)
560억원(56 billion won)

5. 학습용, 애완용
(training, pet)
장수풍뎅이, 사슴벌레, 꽃무지
(Beetle, stag beetle, flower plain)
540억원(54 billion won)

출처: 농림수산 식품부 (2011) 자료를 토대로 저자가 재구성하였음.

*2015년 추정치 기준

이처럼 식용곤충은 짧은 생육기간, 대량번식이 가능하며 산과 들, 심지어 바다에서까지 폭넓게 서식하나 인간이 만들어내는 환경오염으로 인하여 멸종하고 있는 곤충 역시 증가하고 있는 것이 사실이며 그 분포지역 역시 점차 감소하고 있다(Samways, M.J. 2007). 새로운 단백질원인 식용곤충식의 개발 활성화를 위해 가장 필요한 것은 대량사육 기술이라 할 수 있는데 최근 대량사육기술의 성공 사례가 각국에서 보고되고 있으며 이에 따라 곤충사육 농가 역시 증가하고 있다. 국내의 경우 농촌진흥청에서 벼메뚜기 대량사육에 성공하면서 계절과 상관없이 기존의 6개월 이상 소요되던 생육기간을 2개월로 단축시키는 연구 성과를 발표한 바 있다(강성주, 2012). 환경적인 문제와 인류의 생존 그리고 지구에 존재하는 다른 생물들과의 공존에 대해 그 어느 때보다 높아진 관심은 다양한 생물들과의 "공존 프로젝트"를 양성화시키고 있다. 뉴욕, 런던 등 세계 선진 대도시를 중심으로 빠르게 보급되고 있는 도시양봉(Urban Bees Project), 서울시가 추진 중인 곤충호텔 등을 비롯한 다양한 도심사육시스템이 큰 인기를 얻고 있다(Johnson, D.V. 2010).

식용곤충산업의 활성화 방안

한국보다 앞서 식용곤충산업을 육성하고 있는 해외 국가들의 경우 자국 내 식품관련법의 개정을 통해 사육, 생산, 가공, 유통, 조리 및 식용판매가 허가되기 시작하였으며 이에 따라 곤충을 이용한 레스토랑과 대량생산 농가에 대한 인프라 구축으로 일상에서 소비자가 구매 가능하게 되었다. 한국 역시 농업 흥청 및 정부산하 기관과의 연계를 통하여 사육농가를 지정해 대량 생산체계를 구축하고 더불어 식용곤충을 이용한 레스토랑, 식용곤충 판매 사이트를 개설하여 대량생산된 곤충을 이용한 메뉴개발 및 판매의 활성화가 필요하다. 하지만 이처럼 식용곤충산업이 활성화되기 위해선 책, 신문, 인터넷, 방송 등 다양한 방송 및 교육매체를 통해 식용곤충에 대한 소비자의 긍정적 인식 전환이 우선적이다. 또한 정부, 기업, 식용곤충 연구자들로 구성된 협력 프로그램을 통해 새로운 상품군의 개발과 상용화가 필요하다.

식용곤충은 기아와 난민의 식량으로도 이용이 가능하다. 현재 전 세계적으로 기아지역 및 난민캠프에 지원되는 대부분의 식량은 빵(밀), 옥수수, 쌀, 건조식품 등 1회성 소모가 이루어지는 식품이 대부분이며 이는 결국 지원 받는 사람들의 "자생력"을 키울수 없는 형태의 지원이라 할 수 있다. 따라서 기아의 고리를 끊기 위해서는 그들 스스로의 자급자족이 가능하여야 하므로 식용곤충을 사육하고 조리하여 섭취할 수 있는 "사육 → 가공 → 조리 → 섭취" 형태의 새로운 식량지원 패러다임이 필요하다.

식용곤충을 이용한 식량지원 및 판매를 위해서는 곤충사육에 대한 인프라가 조성되지 않은 아프리카 및 아시아 국가에 1차적으로 국내에서 생산 가공한(파우더 및 파우더를 통한 면,제빵, 제과, 소스 등) 식용곤충 가공식품을 지원, 판매함으로써 식용곤충을 이용한 새로운 형태의 식품군을 알릴 수 있는 계기를 마련하는 것이 필요하며 이후 한국이 보유한 식용곤충의 사육 및 식품 가공기술을 아프리카 등 현지에 지원하는 사업이 병행되어야 한다.

한국의 곤충산업이 활성화되기 위해서는 많은 저해요인들의 해결이 필요하다. 곤충에 대한 부정적 인식, 혐오감, 사육 인프라 부족 및 전문적인 식품 개발 인력의 부족, 국가의 지원정책, 기업의 상용화 의지 등 아직도 넘어야 할 과제가 산재해 있다. 그러나 본문을 통해 설명된 바와 같이 식용곤충의 활용성은 우리가 상상하는 이상의 가치를 가지고 있는 만큼 현재 진행되고 있는 식용곤충 개발, 인식전환을 위한 교육 프로그램 개발, 곤충연구기관 설립, 식용곤충식 관련 전문 인력 육성 등을 통해 곤충에 대한 인식의 변화가 이루어지고 곤충산업에 관한 투자가 계속된다면 곤충을 통해 인류가 얻게 될 혜택은 무궁무진할 것이다.

Reference

Food and Agricuiture Organization. (2013). Edible insect: Future prospects for food and feed security. Rome, Italy.

Rural Development Administration. (2014). 곤충, 우리 식탁 먹거리로 오른다. Retrieved July 31, 2014. http://www.rda.go.kr/board/board.do?mode=view&prgId=day_farmprmninfoEntry&dataNo=100000554643

Huis, A. V., Itterbeeck, J. V., Klunder, H., Mertens, E., Halloran, A., Muir, G., & Vantomme, P. (2013). Edible insects : Future prospects for food and feed security. Rome, Italy. Food and Agriculture Organization. xiii-1, 35-39. 1p

Yang, S. W, (2012). 잔디해충 관리와 농약. Sung-Nam. South Korea : Korea Turfgrass Research institute

Kim, N. J, Kim, M. A, Kim, J. H, Kim, S. H, Kim, W. T, Kim, J. H, Jung, M. P, Park, H. C, Yoon, H. J, Lee, J. S, Choi, Y. C, Cho, C. S. (2012). 곤충사육메뉴얼. Se-Jong, South Korea : Ministry of Agriculture, Food and Rural Affairs

Daniel L. Mahr, Paul Whitaker & Nino Ridgway. (2008). Biological control of insect and mites. Wisconsin, United Stats of Amrica: Wisconsin university

McGavin, G. C. (1997). Expedition Field Techniques INSECTS and other terrestrial arthropods. London. United Kingdom

Park, S. J, Park, Y. J, Lee, D. H, Lim, H. M, Jung, S. W, Choi, J. G, Seo, J. H. (2012). 한국의 곤충. Incheon,

Reference

South Korea : National Institute of Environmental Research

Huis, A. V., Itterbeeck, J. V., Klunder, H., Mertens, E., Halloran, A., Muir, G., & Vantomme, P. (2013). Edible insects : Future prospects for food and feed security. Rome, Italy. Food and Agriculture Organization. xiii-1, 35-39. 6p

Choi, Y. C. (2011). 곤충이 돈 되는 시대 황금알 낳는 곤충산업. Seoul, South Korea: The Korean Federation of Science and Technology Societies.

Erens. jess, Es van. Fay, Kapsomenou. Eleni, Luijben. Andy. (2012). A Bug's Life: Large-cale insect rearing in relation to animal welfare, Wageningen, Nederland: wageningen university

Wall Street Journal. (2011). The Six-Legged Meat of the Future. Retrived June 13, 2014 from http://online.wsj.com/news/articles/SB10001424052748703293204576106072340020728

Huis, A. V., Itterbeeck, J. V., Klunder, H., Mertens, E., Halloran, A., Muir, G., & Vantomme, P. (2013). Edible insects : Future prospects for food and feed security. Rome, Italy. Food and Agriculture Organization. xiii-1, 35-39. 63p

Worldwatch Institute. (2011). Meat Production and Consumption Continue to Grow. retrieved oct 11, 2011 from http://vitalsigns.worldwatch.org/vs-trend/meat-production-and-consumption-continue-grow-0

Huis, A. V., Itterbeeck, J. V., Klunder, H., Mertens, E., Halloran, A., Muir, G., & Vantomme, P. (2013). Edible insects : Future prospects for food and feed security. Rome, Italy. Food and Agriculture Organization. xiii-1, 35-39. 67p

BBC. (2014). How insects could feed the food industry of tomorrow. retrieved June. 28. 2014. from http://www.bbc.com/future/story/20140603-are-maggots-the-future-of-food

Byeon, Y. W, Kim, J. H, Kim, H. Y, Choi, J. Y, Choi, M. Y. (2012). 하늘이 내린 적, 천적. Jeollabuk-do Province , South Korea

Worldwatch Institute. (2009). Livestock and Climate Change cow, pigs, and chickens?. Washington, D.C, United Stats of Amrica

Choi, J. Y, Shin, E. S. (1999). 국토환경용량을 고려한 축산오염 관리방안 연구. Seoul, South Korea : Korea Enviroment Institute

Park, S. J, Park, Y. J, Lee, D. H, Lim, H. M, Jung, S. U, Choi, J. G, Seo, J. H. (2012). 우리 주변에서 쉽게 찾아보는 한국의 곤충, Incheon, South Korea : National Institute of Environmental Research

Cho-sun Ilbo. (2009). 첨단농업 현장을 가다: 친환경곤충 '등에등에'. Retrieved, June 29, 2014 from https://economyplus.chosun.com/special/special_view_past.php?boardName=C13&t_num=4147&myscrap=&img_ho=61.

Joseph W. Diclaro II and Phillip E. Kaufman2. (2009). Black soldier fly Hermetia illucens Linnaeus. Florida, Uruguay: University of Florida

중앙일보. (2011). 파리를 일꾼으로 활용 … 가축 분뇨를 비료로. retrieved June 30, 2014. from http://article.joins.com/news/article/article.asp?total_id=5240063&cloc=olink | article | default

John L, Obermeyer & Robert J, O'Neil. (2010). Biological Control: Common Natural Enemies. State of Indiana, United States of America: Purdue Extension.

Organization for Economic Cooperation and Development. (2012). OECD Environmental Outlook to 2050. Paris, France.

Kang, H. C. (2010). SERI 경제포커스 (307). Seoul. South Korea : Samsung Economic Research Institute.

United Nations. (2010). 사람과 생명을 위한 물. New York, United States of America.

Water Journal. (2014). "'물발자국'개념 도입 필요하다" Retrieved July 1, 2014 from http://www.waterjournal.co.kr/news/articleView.html?idxno=19585

Reference

A. Y. Hoekstra. (2003). Virtual Water Trade; Proceedings of the International Expert Meeting on Virtual Water Trade. States of Illinois. United States of America: Integrating the Healthcare Enterprise.

M. M. Mekonnen and A. Y. Hoekstra.. (2011). The green, And grey water footprint of crops and derived crop products.
Water Journal. (2014). "'물발자국' 개념 도입 필요하다" Retrieved July 1, 2014 from http://www.waterjournal.co.kr/news/articleView.html?idxno=19585

J. A. Allan. (2012). 보이지 않는 물 가상수. 서울특별시. 한국: 동녘사이언스

Huis, A. V., Itterbeeck, J. V., Klunder, H., Mertens, E., Halloran, A., Muir, G., & Vantomme, P. (2013). Edible insects : Future prospects for food and feed security. Food and Agriculture Organization. xiii-1, 35-39, 105, 159.

Cerritos, R. (2009). Insects as food : an ecological, social and economical and economical approach. CAB Reviews: perspectives in Agriculture, Veterinary Science, Nutrition and Natural Resources, 4(27): 1-10

MBCNEWS. (2013). '곤충 레스토랑' 뜬다. 이제는 식량자원으로?. Retrieved July 7, 2014 from http://imnews.imbc.com/weeklyfull/weekly04/3365757_12312.html

Chosun Newspaper. (2014). "곤충, 식탁에 오른다. 갈색거저리 애벌레 첫 식품허가. Retrieved July 7, 2014 from
http://news.chosun.com/site/data/html_dir/2014/07/18/2014071800425.html?Dep0=twitter

Herz, R. (2012). That's disgusting: unraveling the mysteries of repulsion. New York, USA, W.W. Norton & Co.

Raudenbush, B., & Frank, R. A. (1999). Assessing Food Neophobia: The Role of Stimulus Familiarity.

Academic Press.

Martins, Y., & pliner, P. (2006). "Ugh! That's disgusting!" : Identification of the characteristics of foods underlying rejections based on disgust. Elsevier publish.

Rozin, P., & Fallon, A. E. (1987). A perspective on disgust. Psychological Riview, 94, 23-41.

EBS 아이의 밥상 제작팀. (2010). 아이의 식생활. 지식채널 출판사

Chae, B.S, (1998) 영양학사전(ed) Seoul, South Korea :Academic Books

Korean Society of Food Science and Technology, (2004) 식품과학기술대사전 (ed), seoul, South Korea

United nations, (2010) The Millennium Development Goals Report Newnork, NewYork, USA

Nam, J.H, (2000) 여러 나라 곤충의 자원화와 그 이용 (ed) Seoul, South Korea : Seoul National University Published

Rural Development Administration, (2011) RDA World Focus (1) Jeolla, South Korea

Ramos Elorduy, J. (1997) The importance of edible insects in the nutrition and economy of people of the rural areas of Mexico. Ecology of Food and Nutrition, 36: 347.366.

Mignon, J. (2002) L'entomophagie: une question de culture? Tropicultura, 20(3): 151 – 55.

Yen, A.L., Hanboonsong, Y. & van Huis, A. (2013) The role of edible insects in human recreation and tourism. In R.H. Lemelin, ed. The management of insects in recreation and tourism, pp. 169 – 85. Cambrdige, Cambridge University Press.

Reference

Ramos-Elorduy, J. (2009) Anthropo-entomophagy: Cultures, evolution and sustainability. Entomological Research 39: 271 – 88.

Menzel, P., and F. D'Aluisio. (1998) Man eating bugs: The art and science of eating insects. Berkeley, CA: Ten Speed Press.

Pemberton, R.W. (1994) The revival of rice-field grasshoppers as human food in South Korea. Pan-Pacific Entomologist, 70(4): 323.327.

Nonaka, K. (2009) Feasting on insects. (Special issue: trends on the edible insects inKorea and Abroad.). Entomological Research, 39(5): 304 – 312.

Kellert, S.R. (1993) Values and perceptions of invertebrates. Conservation Biology, 7(4): 845 – 55.

Morris, B. (2004) Insects and human life. Oxford, England : Berg.

Diamond, J. (1992) The third chimpanzee. New York, USA :Harper Collins

Ministry of Food and Drug Safety .(2011) 식품원료 관리제도 해설서 Seoul, South Korea

Heather Looy, Florence V. Dunkel, John R. Wood, (2013) How then shall we eat? Insect-eating attitudesand sustainable foodways, 8-9

Choi, Y.C, Kim, N.J, Park, I.G, Lee, S.B, Hwang, J.S, (2011) 곤충의 새로운 가치- 21세기 고부가가치 생명산업 -, (4): 3-19, Jeolla, South Korea

Samways, M.J. (2007) Insect conservation: a synthetic management approach. Ann. Rev.Entomol, 52: 465.487.

Johnson, D.V. (2010) The contribution of edible forest insects to human nutrition and toforest management. In P.B. Durst, D.V. Johnson, R.L. Leslie. & K. Shono. Forest insectsas food: humans bite back, proceedings of a workshop on resources and their potential for development, pp. 5 - 2. Bangkok, FAO Regional Office for Asia and the Pacific.

PART 2

식용곤충 요리법

How to cook Edible Insects

본 서적에서 소개되는 모든 메뉴의 제면과 반죽에는 김용욱 교수와 KEIL 연구팀이 개발한 식용곤충 파우더가 혼합되어 사용되었습니다.
제면 및 반죽의 세부조리과정과 설명은 240-241 페이지를 참조하시길 바랍니다.

책 읽는 법(How to read)

미네스트로네 (Minestrone Soup)

한국의 김치찌개 만큼 집에서 손쉽게 해먹던 음식인 미네스트로네는 다양한 야채와 고기로 맛을 낸 이탈리아의 대표적인 서민음식이다. 암 예방에 좋은 라이코펜이 다량 함유되어있는 미네스트로네는 브런치 혹은 일품요리로도 손색이 없는 요리이다. 여기에 육류를 사용하지 않아 포화지방산을 낮추었고 밀웜을 넣어 불포화지방산과 단백질 함량을 높여 영양 측면에서도 우수한 요리이다.

1. 모든 채소 (양파, 당근, 호박, 감자, 파)를 스몰다이스0.5x0.5x0.5) 썰어 준비한다. 방울토마토는 반으로 자르고. 브로콜리는 먹기 좋은 크기로 자른다.
2. 냄비에 올리브 오일과 다진 마늘을 넣고 볶은 후 재료를 딱딱한 순으로 넣어서 볶고 마지막에 밀웜을 넣어 볶는다.
3. 볶은 재료에 준비된 베이크 빈과 토마토 홀을 넣어 천천히 끓이면서. 소금과 후추로 간을 맞춘다.

※ 기존의 미네스트로네에 육류 40g 정도가 들어가는 대신 이 책에서는 대체 단백질로 밀웜 40g을 사용했다. 곤충 파우더는 물에 녹지 않아 스프를 끓일 때 국이 걸죽해 지고 텁텁한 맛을 내기 때문에 분쇄형태의 밀웜을 사용하는 것을 추천한다.

재료(Ingredient)	물발자국(Water Foot Print)	재료(Ingredient)	물발자국(Water Foot Print)
양파(On)	6.08L	브로콜리(Br)	4.27L
당근(Ca)	11.63L	마늘(Ga)	4.47L
애호박(Gr)	N/A	토마토홀(TW)	N/A
방울토마토(CT)	N/A	완두콩(GB)	39.58L
샐러리(Sr)	N/A	베이크드빈(BB)	N/A
올리브 오일(Oi)	360.77L	파(Sp)	5.22L
베이컨 40g 물발자국 (Bacon per 40g WFP)			4845.32L
분쇄 밀웜 (Grinded Mealworm WFP)			181.68L
베이컨 미네스트로네 물발자국 총 합계(Minestrone soup WFP)			5277.36L
밀웜 미네스트로네 물발자국 총 합계 (Mealworm Minestrone soup WFP in total)			613.72L

On=Onion/Ca=Carrot/Gr=Green pumpkin/Sr=Slary/Oi=Olive oil/Sp=Spring onion/BB=Baked Beans/
CT=Cheery Tomato/Br=Broccoli/G=Garlic/TW=Tomato Whole/GB=Green Beans/S=Salt

밀웜 분쇄 40g
양파 50g
당근 50g
애호박 50g
감자 50g
방울 토마토 20g
셀러리 30g
베이크드 빈 50g
파 15g
브로콜리 15g
마늘 10g
토마토 홀 200g
완두콩 20g
올리브 오일 25g
소금
후추
물

1. 토마토홀 대신 토마토 페이스트를 사용해도 무관하다. 단 페이스트 사용 시 볶아주어야 신맛이 덜하다.
2. 분쇄 밀웜이 아닌 파우더를 쓸 경우 텁텁한 맛이 강하므로 분쇄형태가 적합하다.
3. 농도가 되직할 경우 육수를 사용하여 원하는 농도를 맞출 수 있다.

영양성분 (Ingredient)	미네스트로네 (Minestrone soup)		밀웜 미네스트로네 (Mealworm Minestrone soup)	
기준량/섭취량/ quantitative standards/total intake per portion(g)	100g	635g(총중량)	100g	625g(총중량)
칼로리/Calorie(kcal)	76.45	485.45	209.42	1308.87
단백질/Protein(g)	1.62	10.28	15.53	97.06
지방/Fat(g)	4.44	28.19	12.8	80
탄수화물/Carb(g)	8.29	52.64	8.59	53.68
총 식이섬유/Fiber (g)	1.49	9.46	2.44	15.25
칼슘/Ca(mg)	26.64	169.16	19.02	118.87
인/P(mg)	49.76	315.97	35.54	222.12
철/Fe(mg)	1.18	7.49	0.84	5.25
나트륨/Na(mg)	120.88	767.58	86.34	539.62
칼륨/K(mg)	263.4	1672.59	188.29	1176.81
필수아미노산/essential amino acid(mg)	73.72	468.12	53.27	332.93
수용성비타민/C(mg)	12.7	80.64	9.07	56.68
지용성비타민/ Fat solubility Vitamin A/D/E/K(RE/ug/ug/ug)	58.1 /0/0/0.06	368.93 /0/0/0.38	41.5 /0/0/0.04	259.37 /0/0/0.25

2014년 현재 한국 식품 의약품 안전처에서는 제조방법, 안정성을 검토한 결과 밀웜(갈색 거저리 유충)을 절식, 세척, 살균, 동결 건조 과정을 거쳐 식품원료로 사용 섭취하는 것을 한시적으로 허용하고 있다.

식용곤충은 원시적 또는 미개한 문화가 아닌 인류가 오랜 세월 섭식한 보편적인 식문화이다. 식용곤충을 먹는 나라로는 중국, 태국, 일본, 남아프리카 공화국, 멕시코, 잠비아, 짐바으웨 등 전 세계 20억 명에 달하는 인구가 대략 1900종의 식용곤충을 음식으로 먹는다고 한다.

2003년 이후 FAO는 전세계 국가와 긴밀하게 협의하며 식용곤충식의 확대와 개발 필요성에 대해 끊임없이 홍보하고 있으며, 네덜란드, 영국, 미국, 일본 등 많은 나라들이 식용 곤충식 활성화에 참여하고 있다. 특히 CNN, TIME지 등의 보도매체를 통해 그간 식용곤충에 부정적이었던 서구권에서도 식용곤충의 식용화에 눈을 돌리고 있다. 이것은 식용곤충식이 가진 영양학적, 경제적, 사회적 가치에 대해 인식하기 시작했다는 것을 보여준다.

식용곤충을 조리하기 위해서는 위생안전을 지키는 것이 최우선이다. 때문에 이 책은 식용곤충에 대한 손질, 보관법을 제시하고 있다.

본 서적에서는 새로운 단백질 공급원의 개발 및 확보, 그리고 전 세계 기아와 영양부족으로 고통 받는 사람들을 위한 구호식의 방안으로 식용곤충식을 제안한다. 따라서 식용곤충식의 보편적 조리법에 대해 설명하고 있다.

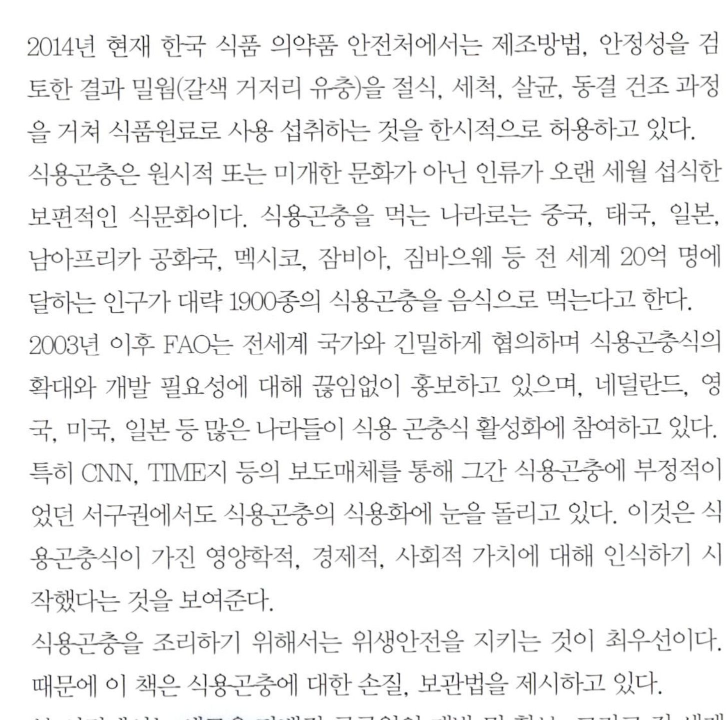

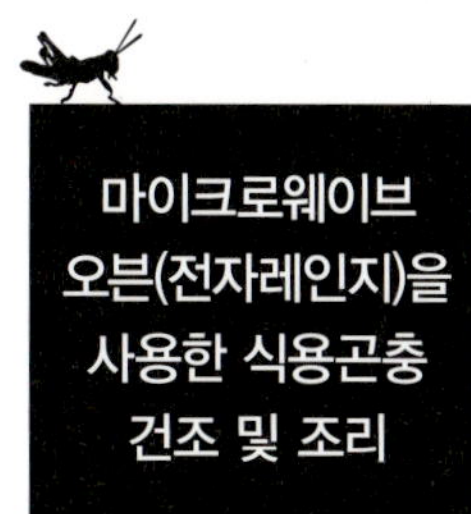

마이크로웨이브 오븐(전자레인지)을 사용한 식용곤충 건조 및 조리

본 한국식용곤충 연구 팀(KEIL)은 열풍/동결 건조기와 함께 마이크로 웨이브 오븐을 이용한 손질, 보관법의 기준을 제시하였다. 마이크로웨이브 오븐의 사용은 일반 가정에서 이용할 수 있는 보편적인 조리법이기 때문에, 간편한 조리가 가능하고 식용 곤충의 손질을 쉽게 할 수 있어 식용곤충의 상용화를 도울 수 있을 것이라고 판단하였다.

영양분 손실의 측면

마이크로웨이브 오븐 사용에 따른 식용곤충의 영양분 손실에 관한 연구가 발표된 바 없기에 육류의 영양분 손실에 대한 연구를 참고하였다. 선행 연구에 따르면 마이크로웨이브 오븐을 이용한 조리에 있어 유의할만한 수분, 단백질, 지방, 티아민의 영양분 손실 차이는 없었다.(조경희, 1994)

또한 본 연구팀은 가정용 마이크로웨이브 오븐으로 평균전력 700W(2450 메가 헤르츠) 기계를 사용하였다.

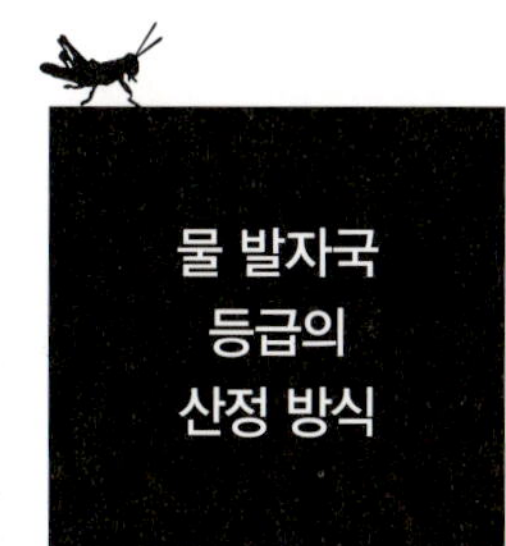

물 발자국 등급의 산정 방식

물 발자국 표 안에서 N/A(None Available)에 관하여

현재까지 워터 풋 프린트 네트워크(Water Footprint Network)는 가장 대중적이고 기본적인 식재료를 중심으로 물 발자국 수치를 계산하여 공시하고 있는 만큼 아직도 상당수의 식 재료에 대한 물소비량은 계산되거나 알려진바 없다. 따라서 본 연구팀이 도입한 메뉴 별 물 발자국 등급을 결정하는데 있어 아직까지 물 발자국이 확인된바 없는 식 재료로 인한 물 발자국 수치 및 등급의 오차 확률이 높았다.

이에 본 연구팀(Korean Edible Insect Laboratory)은 아직까지 물 발자국 수치가 알려지지 않은 식재료의 경우 가장 유사한 식 재료의 물 발자국 수치를 기준점으로 한 뒤 가중치를 더해 임의로 물 발자국을 정하였다. 따라서 향후 본 메뉴에 사용된 식 재료의 물 발자국이 공시될 경우 실제 물 발자국 수치와 오차가 있을 수 있음을 밝힌다.

등급	가상수 범위
A	0~214
B	215~4352.4
C	4352.5~8490
D	8491~12629.4
F	12629.4~17196

밀웜 & 혼합곤충
Mealworm & Mixed Insects

미네스트로네
팔라펠
까뽀나따
초콜렛 피자
타코
감자튀김
토마토 파스타
두부샐러드
감자 그라탕
떡볶이
수제비
춘권
군만두
강정
희망건빵

Mealworm

밀웜의 특징&효능

밀웜은 무기질과 식이섬유가 풍부해 식이요법에 적절한 식재료이다. 아래의 영양성분표에서 불 수 있는 불포화 지방산은 심장질환의 예방과 치료에 좋다고 알려져 있다. 한의학적으로도 기침, 가래, 토혈의 치료와 중풍과 반신불수의 치료에 효과가 있다고 한다.

밀웜 물발자국

1kg당 **2338L**

영양성분(Ingredients)

Nutrient facts(100g)	
열량(Kcal)	541.86
수분(Moisture)	2.90
탄수화물(Carbohydrate)	9.32
지방(Fat)	33.77
단백질(Protein)	50.32
식이섬유(Fiber)	4.81

국내산 밀웜(breeded and examed in South Korea)
영양성분 출처 : 농촌진흥청 국립농업과학원 농업생물부, 2013

 **밀웜** Mealworm 손질법

1 밀웜은 1~2일 동안 절식시킨 후 채에 넣어 흐르는 물에.깨끗이 씻는다.

2 깨끗이 씻은 밀웜을 끓는 물에 데친다

3 **–전문 업장의 경우** 열풍/동결건조기로 건조 후 사용한다.(열풍 건조 시 권장방법:100℃/10분)

–가정의 경우 마이크로 웨이브를 사용해 건조, 조리를 동시에 할 수 있다.(1회 조리 시 권장방법: 100g/10분)

–마이크로 웨이브의 경우 일반적으로 외부에서 열을 가해 수분을 증발시키는 것이 아니라 식품내부에 함유된 수분의 마찰을 이용하여 증발하는 방식이므로 식품의 건조와 조리가 동시에 이루어질 수 있다.

※일반적인 가정용 마이크로웨이브는 700W(2,450MHz)를 말한다.

 **밀웜** Mealworm 보관법

1 건조 밀웜

2 건조 밀웜 파우더

건조 밀웜   건조 밀웜 파우더

4

튀기거나 볶았을 경우
밀웜 특유의 고소함이 남아있고 식
감이 더욱 바삭해지므로 기호에 따
라 조리하면 된다.

5

열풍/동결건조 또는 마이크로웨이
브로 조리한 밀웜을 기호에 따라
그대로 사용하거나 믹서기, 분쇄기
를 이용해 파우더화한다.
단, 밀웜의 경우 지방 함량이 높아
초미립자로 분쇄하면 파우더가 뭉
쳐지므로 권장하지 않는다.
믹서기는 성능에 따라 입자가 달라
지며, 균일한 초미립자 파우더를
원하면 제분기계를 이용하면 된다.
제분기계를 사용하면 초미립자 파
우더를 사용할 수 있다.

6

밀웜 손질 단계별 분류

건조 → 건조 후 손질 → 분쇄 →
파우더

※ 장기보관 시

지퍼락이나 진공포장지와 같은 밀
폐용기에 냉동 보관한다.
해동 후 냉장보관하고 2주 이내 섭
취하는 것을 권장한다.

※ 단기보관 시

유리나 플라스틱 밀폐용기에 냉장
보관한다.
2주 이내 섭취하는 것을 권장한다.

미네스트로네 (Minestrone Soup)

한국의 김치찌개 만큼 집에서 손쉽게 해먹던 음식인 미네스트로네는 다양한 야채와 고기로 맛을 낸 이탈리아의 대표적인 서민음식이다. 암 예방에 좋은 라이코펜이 다량 함유되어있는 미네스트로네는 브런치 혹은 일품요리로도 손색이 없는 요리이다. 여기에 육류를 사용하지 않아 포화지방산을 낮추었고 밀웜을 넣어 불포화지방산과 단백질 함량을 높여 영양 측면에서도 우수한 요리이다.

1. 모든 채소 (양파, 당근, 호박, 감자, 파)를 스몰다이스0.5x0.5x0.5) 썰어 준비한다. 방울토마토는 반으로 자르고. 브로콜리는 먹기 좋은 크기로 자른다.
2. 냄비에 올리브 오일과 다진 마늘을 넣고 볶은 후 재료를 딱딱한 순으로 넣어서 볶고 마지막에 밀웜을 넣어 볶는다.
3. 볶은 재료에 준비된 베이크 빈과 토마토 홀을 넣어 천천히 끓이면서. 소금과 후추로 간을 맞춘다.

※ 기존의 미네스트로네에 육류 40g 정도가 들어가는 대신 이 책에서는 대체 단백질로 밀웜 40g을 사용했다. 곤충 파우더는 물에 녹지 않아 스프를 끓일 때 국이 걸죽해 지고 텁텁한 맛을 내기 때문에 분쇄형태의 밀웜을 사용하는 것을 추천한다.

밀웜 분쇄 40g

양파 50g
당근 50g
애호박 50g
감자 50g
방울 토마토 20g
셀러리 30g
베이크드 빈 50g
파 15g
브로콜리 15g
마늘 10g
토마토 홀 200g
완두콩 20g
올리브 오일 25g
소금
후추
물

Chef's tip

1. 토마토홀 대신 토마토 페이스트를 사용해도 무관하다. 단 페이스트 사용 시 볶아주어야 신맛이 덜하다.
2. 분쇄 밀웜이 아닌 파우더를 쓸 경우 텁텁한 맛이 강하므로 분쇄형태가 적합하다.
3. 농도가 되직할 경우 육수를 사용하여 원하는 농도를 맞출 수 있다.

재료(Ingredient)	물발자국(Water Foot Print)	재료(Ingredient)	물발자국(Water Foot Print)
양파(On)	6.08L	브로콜리(Br)	4.27L
당근(Ca)	11.63L	마늘(Ga)	4.47L
애호박(Gr)	N/A	토마토홀(TW)	N/A
방울토마토(CT)	N/A	완두콩(GB)	39.58L
셀러리(Sr)	N/A	베이크드빈(BB)	N/A
올리브 오일(Oi)	360.77L	파(Sp)	5.22L
베이컨 40g 물발자국 (Bacon per 40g WFP)			**4845.32L**
분쇄 밀웜 (Grinded Mealworm WFP)			**181.68L**
베이컨 미네스트로네 물발자국 총 합계 (Minestrone soup WFP)			**5277.36L**
밀웜 미네스트로네 물발자국 총 합계 (Mealworm Minestrone soup WFP in total)			**613.72L**

On=Onion/Ca=Carrot/Gr=Green pumpkin/Sr=Slary/Oi=Olive oil/Sp=Spring onion/BB=Baked Beans/
CT=Cheery Tomato/Br=Broccoli/G=Garlic/TW=Tomato Whole/GB=Green Beans/S=Salt

영양성분 (Ingredient)	미네스트로네 (Minestrone soup)		밀웜 미네스트로네 (Mealworm Minestrone soup)	
기준량/섭취량/ quantitative standards/total intake per portion(g)	100g	635g(총중량)	100g	625g(총중량)
칼로리/Calorie(kcal)	76.45	485.45	209.42	1308.87
단백질/Protein(g)	1.62	10.28	15.53	97.06
지방/Fat(g)	4.44	28.19	12.8	80
탄수화물/Carb(g)	8.29	52.64	8.59	53.68
총 식이섬유/Fiber (g)	1.49	9.46	2.44	15.25
칼슘/Ca(mg)	26.64	169.16	19.02	118.87
인/P(mg)	49.76	315.97	35.54	222.12
철/Fe(mg)	1.18	7.49	0.84	5.25
나트륨/Na(mg)	120.88	767.58	86.34	539.62
칼륨/K(mg)	263.4	1672.59	188.29	1176.81
필수아미노산/essential amino acid(mg)	73.72	468.12	53.27	332.93
수용성비타민/C(mg)	12.7	80.64	9.07	56.68
지용성비타민/ Fat solubility Vitamin A/D/E/K(RE/ug/ug/ug)	58.1 /0/0/0.06	368.93 /0/0/0.38	41.5 /0/0/0.04	259.37 /0/0/0.25

팔라펠 (Falafel)

전세계 기아로 고통받는 사람들이 모두 배불리 먹을 수 있는 영양식은 없을까? 프로젝트를 위해 시장을 조사하다 발견한 식자재가 병아리콩 이였다. 팔라펠은 대표적인 콩요리로 병아리콩을 주재료로 사용한다. 작물환경이 열악한 환경에서도 잘 자라는 병아리콩은 단백질, 탄수화물, 비타민 및 식이섬유 등의 영양분이 풍부하여 기아 및 구호음식에 적합하기에 여기에 고소한 맛과 함께 단백질이 풍부한 밀웜을 혼합하여 사용함으로서 맛은 물론 팔라펠의 영양적 기능을 보강하였다. 예루살렘의 명물 팔라펠의 또 다른 이름은 기독교와 이슬람간의 화합과 용서를 바라는 마음에 평화의 음식이라고도 불리운다.

1. 하루정도 불린 병아리콩을 30분정도 삶아 익힌다.
2. 양파, 마늘, 당근, 대파, 고추를 다진다.
3. 밀웜은 손으로 잘게 부순다.
4. 삶아진 병아리콩을 곱게 으깨어 바질과 오레가노를 넣고 소금 간 하여 손질한 야채, 분쇄 밀웜을 넣고 치댄다.
5. 치댄 반죽을 분할하여 볼 형태로 성형한다.
6. 성형한 볼을 기름에 색이 날 때 까지 튀긴다.
7. 요거트를 곁들여 담는다.

※ 파우더 형태의 밀웜을 사용할 경우 팔라펠의 맛이 텁텁해지기 때문에 분쇄 형태의 밀웜을 사용하는 것을 권장한다. 밀웜 50g을 초과할 시 반죽이 뭉쳐지지 않으므로 주의해야 한다. 밀웜 입자를 너무 크게 분쇄하여 반죽에 혼합할 경우 반죽 표면에 보이는 밀웜이 먼저 타버릴 수 있으므로 정량을 넣는 것이 좋다.

밀웜 분쇄 50g

병아리콩 200g
양파 30g
마늘 15g
대파 5g
당근 20g
피망 10g
고추 10g
소금 2g
바질 1g
오레가노 1g

Chef's tip

1. 야채를 많이 넣을 경우 야채에서 물이 나와 반죽이 질어진다.
2. 볼 형태로 성형할 때 볼이 클 경우 속까지 익지 않을 수 있다.
3. 파우더 함량을 높여 색을 많이 낼 경우 퍽퍽해진다.
4. 콩을 충분히 불리지 않으면 으깨지지 않는다.
5. 요거트는 설탕이 들어가 있을 경우 맛을 해칠 수 있으므로 무가당이 적합하다.

재료(Ingredient)	물발자국(Water Foot Print)	재료(Ingredient)	물발자국(Water Foot Print)
병아리콩(Ch)	835.4L	고추(CP)	11.81L
양파(On)	3.65L	소금(Sa)	0.05L
마늘(Ga)	6.70L	바질(B)	N/A
대파(SP)	1.74L	오레가노(Or)	N/A
당근(Ca)	4.65L	피망(Pi)	3.79L
분쇄 밀웜 물발자국(Grinded mealworm WFP)			227.1L
밀웜 팔라펠 물발자국 총합계(Mealworm Falafel WFP in total)			1094.91L

Ch=chickpea/On=onion/Ga=garlic/Sp=spring onion/Ca=carrot/CP=Chili Pepper

영양성분 (Ingredient)	팔라펠(Falafel)		밀웜 팔라펠(Mealworm Falafel)	
기준량/섭취량/quantitative standards/total intake per portion(g)	100g	283g (총중량)	100g	333g (총중량)
칼로리/Calorie(kcal)	245.49	694.73	328.47	1093.81
단백질/Protein(g)	12.89	36.47	23.86	79.45
지방/Fat(g)	3.94	11.15	12.84	42.75
탄수화물/Carb(g)	41.57	117.64	48.86	162.7
총 식이섬유/Fiber (g)	12	33.96	9.53	31.73
칼슘/Ca(mg)	81.47	230.56	54.78	182.41
인/P(mg)	248.47	703.17	166.31	553.81
철/Fe(mg)	5	14.15	3.34	11.12
나트륨/Na(mg)	226.77	641.75	153.73	511.92
칼륨/K(mg)	661.19	1871.16	447.15	1489.01
필수아미노산/essential amino acid(mg)	31.13	88.09	21.4	71.26
수용성비타민/C(mg)	11.16	31.58	9.04	30.1
지용성비타민/Fat solubility Vitamin A/D/E/K(RE/ug/ug/ug)	90.5/0/0.56/11.28	256.11/0/1.58/31.92	62.32/0/0.37/7.52	207.52/0/1.23/25.04

까뽀나따 (Sicilian Aubergine Stew)

까뽀나따는 시칠리아 섬의 강렬한 햇빛 아래에서 자란 토마토와 가지를 이용한 시칠리아 전통음식이다. 시칠리아 오리지널 레써피를 전수받아 고유의 맛을 재연하였다. 기존 조리법에서는 많은 채소를 사용해 풍부한 비타민과 식이섬유를 섭취할 수 있었다면 식용곤충을 이용한 밀웜 까뽀나따는 단백질을 2배이상 섭취할 수 있을 뿐만 아니라 콜레스테롤 수치를 낮춰주는 아미노산과 지방산이 함유되어 있어 전통적인 맛과 풍부한 영양 성분이 더해진 메뉴이다.

1. 가지를 4등분으로 길게 잘라 씨 부분을 제거하고 한입크기로 자른다. 마늘은 모양을 살려 반으로 자른다. 셀러리, 양파, 파프리카, 올리브, 버섯도 한입크기로 준비한다.
2. 준비된 가지와 마늘을 각각 색이 날 때까지 튀긴다.
3. 셀러리는 끓는 물에 데친다.
4. 냄비에 올리브오일과 다진 마늘을 넣고 볶은 후 튀긴 가지와 마늘을 제외한 나머지 식재료를 볶는다.(밀웜 포함)
5. 볶은 재료에 으깬 토마토 홀과 케이퍼를 넣고 천천히 조려준다
6. 농도가 걸쭉해지면 설탕과 식초, 튀겨놓은 가지와 마늘을 넣어 마무리한다.
7. 차갑게 식혀 보관용기나 접시에 담아낸다.

※ 야채, 채소가 주를 이루고 있는 까뽀나따에 밀웜을 넣어 원래 단백질이 미미하던 식품에 단백질을 더했다. 까뽀나따에는 분쇄형식의 밀웜을 넣어 다른 재료의 맛을 해치지 않고 다른 재료와 조화를 이뤘다. 이 레시피에서 명시한 분쇄 밀웜을 사용하지 않고 파우더를 사용하면 맛이 텁텁해지기 때문에 분쇄 밀웜을 사용하는 것을 추천한다.

다진밀웜 40g

가지 80g
셀러리 30g
양파 50g
올리브 15g
케이퍼 5g
토마토 홀 200g
식초 8g
설탕 5g
파프리카 50g
마늘 50g
새송이버섯 20g
올리브오일 15g
물
소금
후추

Chef's tip

1. 마늘을 일정한 두께로 잘라야 튀길 때 타지 않는다.
2. 식초가 없다면 케이퍼를 절인 식초를 사용할 수 있다.
3. 토마토홀 대신 토마토 페이스트를 사용해도 무관하다. 단 페이스트 사용 시 충분히 볶아야 신맛이 덜하다.
4. 물이나 육수를 이용하여 농도를 조절할 수 있다.
5. 따듯한 상태에서 먹어도 색다른 맛을 느낄 수 있다.

재료(Ingredient)	물발자국(Water Foot Print)	재료(Ingredient)	물발자국(Water Foot Print)
가지(Ep)	28.96L	설탕(Su)	8.91L
샐러리(Sr)	N/A	파프리카(Pk)	18.95L
양파(On)	6.08L	마늘(Ga)	22.35L
올리브(Oli)	45.15L	새송이버섯(KOM)	31.63L
케이퍼(CPR)	N/A	올리브오일(Oi)	50.49L
토마토홀(TW)	N/A	식초(Vi)	0.11L
다진 밀웜 물발자국(Chopped mealworm WFP)			181.68L
밀웜 까뽀나따 물발자국 총 합계 (MW sicilian aubergine stew WFP in total)			394.32L

Ep=Eggplant/Sr=Salary/On=Onion/Oli=Olive/CPR=Caper/TW=Tomato whole/Vi=Vineger/
Su=Sugar/Pk=Paprika/G=Garlic/KOM=King Oyster Mushroom/Sa=Salt/Pe=Pepper/Oi=Olive Oil

영양성분 (Ingredient)	까뽀나따(sicilian aubergine stew)		밀웜 까뽀나따(MW sicilian aubergine stew)	
기준량/섭취량/quantitative standards/total intake per portion(g)	100g	513g(총중량)	100g	553g(총중량)
칼로리/Calorie(kcal)	29.19	149.74	175.66	971.39
단백질/Protein(g)	1.2	6.15	15.23	84.221
지방/Fat(g)	0.18	0.92	9.76	53.97
탄수화물/Carb(g)	6.49	33.29	7.3	40.36
총 식이섬유/Fiber (g)	0.74	3.79	1.9	10.5
칼슘/Ca(mg)	25.1	128.76	17.93	99.15
인/P(mg)	33.49	171.8	23.92	132.27
철/Fe(mg)	1.6	8.2	1.14	6.3
나트륨/Na(mg)	148.28	760.67	105.91	585.68
칼륨/K(mg)	246.53	1264.69	176.24	974.6
필수아미노산/essential amino acid(mg)	94.55	485.04	68.14	376.81
수용성비타민/C(mg)	28.83	147.89	20.59	113.86
지용성비타민/Fat solubility Vitamin A/D/E/K(RE/ug/ug/ug)	59.53 /0/0/0.23	305.38 /0/0/1.17	42.52 /0/0/0.17	235.13 /0/0/0.94

초콜렛 피자 (Chocolate Pizza)

달콤함의 대명사인 초콜릿을 바삭한 얇은 도우에 토핑하여 만든 새로운 디저트 개념의 간식이다. 견과류와 곤충을 첨가해 풍부한 단백질과 필수 아미노산 및 무기질을 함유하고 있다. 특히 첨가된 3가지의 곤충에는 인체조직 생성과 성장을 도우는 필수아미노산인 리신(lysine)이 함유되어있어 아이들의 간식으로 좋은 음식이다.

도우 (최소단위 1kg 기준)

1. 계량한 미지근한 물에 이스트를 녹인 뒤 계량한 설탕, 소금, 우유, 올리브유를 넣고 섞는다.
2. 중력분에 귀뚜라미 파우더를 체 쳐 골고루 섞고 이스트, 설탕, 소금, 우유, 올리브유를 섞은 물을 넣어 반죽기를 이용하거나 손으로 치대어 반죽을 만든다.
3. 완성된 반죽은 봉지에 넣어 실온에서 15분가량 발효 후 125g씩 분할한다.

피자

1. 도우를 밀방망이로 지름25cm 정도로 편다.
2. 넓게 편 도우위에 분쇄상태의 초콜렛과 건조 후 분쇄한 귀뚜라미와 밀웜을 토핑으로 뿌린다.
3. 200-250℃로 예열 된 오븐에서 10분간 굽는다.
4. 오븐에서 나온 피자위에 견과류와 슈가 파우더를 뿌려 마무리한다.

※ 최소단위 1kg 반죽 시 귀뚜라미파우더를 최대 50g까지 넣을 수 있다. 50g보다 더 들어갈 경우 반죽이 잘 뭉쳐지지 않고 반죽 성형 시 쉽게 찢어진다. 반죽을 할 때 귀뚜라미 파우더를 꼭 체에 걸러 넣어줘야 한다. 거르지 않을 경우 파우더끼리 뭉쳐 반죽이 잘 되지 않는다. 토핑에는 풍부한 단백질을 함유한 밀웜과 귀뚜라미를 분쇄형태로 견과류와 함께 뿌려 바삭한 식감을 최대한 살리는데 중점을 두었다. 도우 최소단위 1kg 반죽시 125g씩 분할하면 8개의 도우가 나온다.(125g = 1인분/한판) 분할한 남은 반죽은 비닐이나 랩에 싸서 냉장보관 하고 오래 보관할 경우 냉동하여 보관한다(냉동보관시 발효 멈춤).

재료(Ingredient)	물발자국(Water Foot Print)	재료(Ingredient)	물발자국(Water Foot Print)
중력분(MF)	231.12L	우유(Mi)	1.96L
초콜릿(CHO)	1032L	물(Wt)	0.04L
견과류(Nu)	N/A	드라이이이스트(DY)	N/A
올리브유(Oi)	270.58L	슈가파우더(SPD)	N/A
설탕(Su)	4.45L	소금(Sa)	0.07L
분쇄&파우더 귀뚜라미 물발자국(Grinded&Powder Cricket WFP)			85.67L
분쇄 밀웜 물발자국(Grinded Mealworm WFP)			68.13L
밀웜&귀뚜라미 초콜릿피자 물발자국 총 합계(MW&CR Chocolate Pizza WFP in total)			1694.02L

MF=Medium Flour/CHO=Chocolate/Nu=Nuts/Oi=Olive oil/Su=Sugar/Sa=Salt/Mi=Milk
Wt=Water/DY=Dry yeast/SPD=Sugar Powder

영양성분 (Ingredient)	초콜릿피자(Chocolate Pizza)		밀웜&귀뚜라미 초콜릿피자(MW&CR Chocolate Pizza)	
기준량/섭취량/quantitative standards/total intake per portion(g)	100g	1415g(총중량)	100g	1453g(총중량)
칼로리/Calorie(kcal)	369.15	5223.6	360.35	5235.94
단백질/Protein(g)	9.14	129.44	16.49	239.72
지방/Fat(g)	14.1	199.6	15.70	228.14
탄수화물/Carb(g)	55.95	791.74	41.55	603.85
총 식이섬유/Fiber (g)	3.08	43.58	2.75	39.95
칼슘/Ca(mg)	35.37	500.48	25.65	372.69
인/P(mg)	152.09	2152.07	110.28	1602.36
철/Fe(mg)	2.58	36.5	21.79	316.6
나트륨/Na(mg)	467.26	6611.72	338.63	4920.29
칼륨/K(mg)	202.45	2864.66	146.83	2133.44
필수아미노산/essential amino acid(mg)	2440.81	34537.46	1770.22	25721.3
수용성비타민/C(mg)	0.29	4.1	0.21	3.05
지용성비타민/Fat solubility Vitamin A/D/E/K(RE/ug/ug/ug)	59.53 /0/0/0.23	305.38 /0/0/1.17	42.52 /0/0/0.17	235.13 /0/0/0.94

귀뚜라미 파우더 8g
분쇄 귀뚜라미 15g
분쇄 밀웜 15g
초콜렛(다크/화이트)각각30g
견과류 15g
슈가파우더 약간

도우(최소단위 1kg기준)
중력분 1000g
올리브유 150g
설탕 20g
소금 20g
우유 150g
물 375g
드라이이스트 4g

Chef's tip

1. 도우 발효 시 반죽을 당겨봤을 때, 그물형태의 막이 형성되어야 좋다.
2. 도우를 성형할 때 밀방망이로 가장자리를 힘주어 밀 경우 가장자리가 얇아져 너무 딱딱해 질수 있다.
3. 오븐에서 곤충이 타지 않도록 토핑 시 곤충위에 초콜렛을 조금 더 뿌려준다.
4. 토핑 시 과일을 곁들여도 좋다.

타코 (Taco)

매콤하고 강렬한 맛이 특징인 타코를 한손에 들고 간편하게 먹을 수 있는 핑거푸드로 만들어 보았다. 기존 타코에 들어가는 육류대신 고단백질원인 밀웜과 병아리콩을 사용했다. 바쁜 현대인들의 피로회복과 두뇌활동을 촉진 시켜주는 valine 아미노산이 밀웜에 첨가되어 있어 점심대용 또는 회의전 간식으로 좋다.

1. 하루정도 불린 병아리콩을 30분정도 삶아 익힌다.
2. 양파. 마늘, 당근, 대파, 고추를 다진다.
3. 밀웜은 손으로 잘게 부순다.
4. 삶아진 병아리콩을 곱게 으깨어 바질과 오레가노를 넣고 소금간 하여 손질한 야채, 밀웜을 넣고 치댄다.
5. 치댄 반죽을 분할하여 지름1cm(5g)정도의 볼 형태로 성형한다.
6. 성형한 반죽을 150℃기름에 색이 날 때까지 튀긴다.
7. 튀긴 팔라펠을 준비된 칠리소스에 입힌다.
8. 타코쉘 위에 소스를 입힌 팔라펠을 올리고 원하는 재료를 토핑한다.

※ 파우더 형태의 밀웜을 사용할 경우 팔라펠의 맛이 텁텁해지기 때문에 분쇄 형태의 밀웜을 사용하는 것을 권장한다. 밀웜 50g을 초과할 시 반죽이 뭉쳐지지 않으며 팔라펠을 기름에 튀기는 동안 타버릴 위험이 있으므로 책에서 정한 적정량을 넣는 것이 좋다.

분쇄 밀웜 50g
(2인분 기준)

병아리콩 200g
양파 25g
마늘 15g
대파 5g
당근 20g
고추 10g
소금 5g
칠리소스 50g
타코쉘 20g
바질
오레가노

Chef's tip

1. 타코쉘을 예열된 오븐에 잠시 넣거나 마이크로웨이브를 사용해 바삭하게 즐길 수 있다.
2. 야채를 많이 넣을 경우 야채에서 물이 나와 반죽이 질어진다.
3. 볼 형태로 성형할 때 볼이 클 경우 속까지 익지 않을 수 있다.
4. 색을 많이 낼 경우 퍽퍽해진다.
5. 콩을 충분히 불리지 않으면 으깨지지 않는다

재료(Ingredient)	물발자국(Water Foot Print)	재료(Ingredient)	물발자국(Water Foot Print)
병아리콩(ChP)	835.4L	고추(CP)	11.81L
양파(On)	3.04L	소금(Sa)	0.14L
마늘(Ga)	6.7L	바질(Ba)	N/A
대파(SO)	1.74L	오레가노(Or)	N/A
당근(Ca)	4.65L	칠리소스(Chs)	N/A
타코쉘(TS)	N/A		
소고기 300g물발자국(Beef per 300g WFP)			**4624.5L**
분쇄 밀웜 물발자국(Grinded Mealworm WFP)			**227.1L**
타코 물발자국 총 합계(Taco WFP in total)			**5487.99L**
밀웜 타코 물발자국 총 합계(Mealworm Taco WFP in total)			**1090.59L**

ChP=Chickapea/On=Onion/Ga=Garlic/SO=Spring onion/Ca=Carrot/TS=Taco Seasoning
CP=Chili Pepper/Ba=Basil/Oren=Oregano/CS=Chili sauce

영양성분 (Ingredient)	타코(Taco)		밀웜 타코(Mealworm Taco)	
기준량/섭취량/quantitative standards/total intake per portion(g)	100g	350g(총중량)	100g	400g(총중량)
칼로리/Calorie(kcal)	278.27	973.94	366.13	1464.52
단백질/Protein(g)	12.92	45.22	25.39	101.56
지방/Fat(g)	5.68	19.88	15.02	60.08
탄수화물/Carb(g)	46.65	163.27	34.21	136.84
총 식이섬유/Fiber (g)	11.34	39.69	9.16	36.64
칼슘/Ca(mg)	89.15	312.02	59.43	237.72
인/P(mg)	245.37	858.79	163.58	654.32
철/Fe(mg)	5.16	18.06	3.44	13.76
나트륨/Na(mg)	567.5	1986.25	378.33	1513.32
칼륨/K(mg)	675.04	2362.64	450.2	1800.8
필수아미노산/essential amino acid(mg)	26.63	93.2	18.46	73.84
수용성비타민/C(mg)	8.29	29.01	5.53	22.12
지용성비타민 /Fat solubility Vitamin A/D/E/K(RE/ug/ug/ug)	83.04/0/0.59/16.02	290.64/0/2.06/56.07	55.36/0/0.39/10.68	221.44/0/1.56/42.72

감자튀김 (French Fry Potatoes)

햄버거와 함께 가장 많이 판매되는 패스트푸드인 감자튀김에 뿌리는 시즈닝 분말을 보고 메뉴개발에 착안하였다. 탄수화물이 많은 감자에 단백질이 풍부하고 고소한 맛을 내는 밀웜 파우더를 시즈닝 분말과 혼합하여 사용하여 영양만점 매콤달콤 양념감자튀김을 완성하였다.

1. 감자는 껍질을 제거한 후 가로 0.5cm · 세로0.5cm 길이로 잘라서 준비한다.
2. 감자 전분기를 제거하기 위해 채 썰어둔 감자를 찬물에 헹군다.
3. 종이 타월이나 면보를 이용하여 감자 전분기를 완전히 제거 한다.
4. 냄비에 식용유를 붓고 160℃ 정도의 온도가 되면 물기를 완전히 제거한 감자를 넣고 노릇하게 튀긴 다음 소금을 약간 넣고 버무린다.
5. 시즈닝 분말(밀웜 파우더+양파분말+파프리카분말+바질+오레가노+소금+후추)를 넣고 버무린 후 파마산 치즈를 뿌려 마무리한다.

※ 감자튀김은 탄수화물과 지방의 함량이 많고 단백질은 거의 함유하고 있지 않은 점에 착안하여 밀웜파우더를 넣음으로써 단백질을 섭취할 수 있도록 만들었다. 시즈닝 분말에 들어가는 밀웜파우더는 50g을 넣어 조리를 하였는데 그 이유는 적절한 단백질함량의 섭취와 맛의 조화가 50g에서 가장 균형있게 나왔기 때문이다. 시즈닝 분말에는 입자가 고운 것을 사용하여야 맛이 잘나오기 때문에 파우더 형식의 사용을 권장한다.

밀웜파우더 50g

감자 150g
식용유 600ml
양파분말 25g
파프리카분말 10g
바질 1g
오레가노 0.5g
소금 5g
후추 1g
파마산치즈

Chef's tip

1. 찬물에 감자를 헹궈 전분기를 확실히 제거해야 바삭한 감자튀김이 된다
2. 감자를 찬물에 담궈 두었다가 물기를 제거해주어도 무방하다

재료(Ingredient)	물발자국(Water Foot Print)	재료(Ingredient)	물발자국(Water Foot Print)
감자(PO)	29.1L	바질(Ba)	N/A
식용유(Ck)	24.3L	오레가노(Or)	N/A
양파분말(OSN)	N/A	소금(Sa)	0.14L
파프리카분말(PSN)	N/A	후추(Pe)	6.91L
파마산치즈(PC)	N/A		
밀웜 파우더 물발자국(Mealworm Powder WFP)			227.1L
밀웜 감자튀김 물발자국 총합계 (Mealworm French Fry Potato WFP in total)			287.55L

Po=Potato/Ck=Cooking Oil/OSN=Onion Seasoning/PSN=Paprika Seasoning/PC=Parmesan Cheese/
Ba=Basil/Or=Oregano/Sa=Salt/Pe=Pepper

영양성분 (Ingredient)	감자튀김(French Fry Potato)		밀웜 감자튀김(MW French Fry Potato)	
기준량/섭취량/quantitative standards/total intake per portion(g)	100g	792.5g(총중량)	100g	842.5g(총중량)
칼로리/Calorie(kcal)	145.49	1153	277.61	2338.86
단백질/Protein(g)	0.98	7.76	17.42	146.76
지방/Fat(g)	12.81	101.51	19.77	166.56
탄수화물/Carb(g)	6.06	48.02	7.14	60.15
총 식이섬유/Fiber (g)	1.05	8.32	2.3	19.37
칼슘/Ca(mg)	14.77	117.05	10.02	84.41
인/P(mg)	36.7	290.84	24.47	206.15
철/Fe(mg)	1.39	11.01	0.92	7.75
나트륨/Na(mg)	209.98	1664.09	139.99	1179.4
칼륨/K(mg)	187.15	1483.16	124.77	1051.18
필수아미노산/essential amino acid(mg)	74.99	594.29	50.7	427.14
수용성비타민/C(mg)	12.04	95.41	8.02	67.56
지용성비타민 /Fat solubility Vitamin A/D/E/K(RE/ug/ug/ug)	0.21 /0/0/0	1.66 /0/0/0	0.14 /0/0/0	1.17 /0/0/0

※ 밀웜 파우더는 밀가루처럼 물에 녹지 않으므로 반죽
시 겉면에 파우더의 미세입자들이 박히기 때문에 밀웜
20g을 넘길 시 반죽이 잘 뭉쳐지지 않으며 면을 뽑는 동
안 면이 끊어질 위험이 있다. 또한 면을 뽑은 후 1~2시간
정도 건조과정을 통해 수분을 증발시켜 밀웜 특유의 향을
없애주고 섭취 시 더욱 맛있게 즐길수 있다.

(반죽과 제면 240~241 참조)

토마토 파스타 (Tomato Pasta)

서양 음식문화가 국내에 자리잡으며 주식으로 즐겨 찾는 파스타. 그중에서도 만들기 간편한 토마토 파스타는 리코펜(lycopene)이 풍부해 항산화(antioxidant)작용으로 인한 노화방지, 항암효과와 심혈관질환 예방 및 혈당저하에 효과적이다. 여기에 꽃무지유충, 밀웜을 첨가해 필수아미노산과 칼슘을 함유하여 두뇌활동을 증진시켜주며 콜라겐을 생성하는 성분이 있어 여성의 피부 미용에도 좋은 음식을 만들었다.

1. 올리브 오일을 두르고 마늘과 찹(잘게 썬)한 양파와 토마토 페이스트를 같이 볶은 후 토마토 홀을 붓고 소금, 설탕, 후추, 향신료로 간하고 뭉근한 불에 조리를 해서 소스를 조린다.
2. 끓는 물에 소금 1%를 첨가하고 1분 30초가량 파스타면을 삶는다, 삶은 파스타면은 체에 걸러 올리브 오일을 뿌려 버무린 후 식힌다.
3. 파프리카, 양파는 채 썰어 준비하고 마늘은 다진다.
4. 달궈진 후라이팬에 올리브유를 두르고 준비된 식재료를 볶는다.
5. 토마토 소스를 붓고 스파게티면을 넣고 빠르게 볶는다. 스파게티에 야채 육수를 넣고, 소금 ,후추를 넣고 간한다.
6. 완성된 토마토 스파게티를 접시에 담은 후 그라나 빠다노 치즈를 뿌린다.

밀웜파우더 20g
건조 꽃무지유충파우더 15g

파스타 반죽

밀웜파우더 20g
세몰라 125g
물 7g
소금2.5g
계란 50g

소스

꽃무지 유충 파우더 15g
휘핑크림150g
우유 70g
양파60g
샐러리10g
당근 20g
파프리카10g
마늘 5g
브로콜리 15g
양송이 20g
올리브 오일 15g
소금 5g
굵은 후추 5g

Chef's tip

1. 면을 삶을 때는 al den te(약간 덜 익은 상태)로 삶아야 하며 면이 퍼지지 않도록 조심해야한다.
2. 신맛이 강할 경우 설탕을 이용하여 신맛을 잡을 수 있다.

재료(Ingredient)	물발자국(Water Foot Print)	재료(Ingredient)	물발자국(Water Foot Print)
오레가노(Or)	N/A	토마토홀(TW)	N/A
세몰라(Se)	N/A	설탕(Su)	26.73
물(Wt)	0.007L	소금(Sa)	0.21L
올리브오일(Oi)	180.38L	후추(Pe)	34.58L
마늘(Ga)	6.7L	양파(On)	9.73L
계란(Eg)	0.24L	파프리카(Pk)	11.37L
토마토페이스트(TP)	213.25L	샐러리(Ce)	N/A
그라나 빠다노(GP)	N/A	당근(Ca)	4.65L
밀웜 파우더 물발자국(Mealworm Powder WFP)			90.84L
꽃무지유충 파우더 물발자국(white-spotted flower chafer Larva powder WFP)			N/A
밀웜&꽃무지유충 토마토 파스타 물발자국 총 합계 (MW&WSFCL Tomato Pasta WFP in total)			578.68L

Or=Oregano/Se=semola/Wt=Water/Oi=Olive Oil/Ga=Garlic/Eg=Egg/TP=Tomato Paste/TW=Tomato Whole/Su=Sugar/Sa=Salt/Pe=Pepper/On=Onion/Pk=Paprika/GP=Grana Padano/Ce=celery/Ca=carrot

영양성분 (Ingredient)	토마토파스타(Tomato Pasta)		밀웜&꽃무지유충 토마토파스타 (MW&WSFCL Tomato Pasta)	
기준량/섭취량/quantitative standards/total intake per portion(g)	100g	792.5g(총중량)	100g	842.5g(총중량)
칼로리/Calorie(kcal)	134.71	1030.53	227.04	1816.32
단백질/Protein(g)	4.91	37.56	17.52	140.16
지방/Fat(g)	2.19	16.75	8.46	67.68
탄수화물/Carb(g)	24.97	191.02	21.05	168.4
총 식이섬유/Fiber (g)	2.48	18.97	3.14	25.12
칼슘/Ca(mg)	69.15	528.99	70.62	564.96
인/P(mg)	116.31	889.77	86.15	689.2
철/Fe(mg)	1.38	10.55	1.02	8.16
나트륨/Na(mg)	571.52	4372.12	423.35	3386.8
칼륨/K(mg)	297.14	2273.12	220.18	1761.44
필수아미노산/essential amino acid(mg)	237.01	1813.12	177.84	1422.72
수용성비타민/C(mg)	17.28	132.19	14.25	114
지용성비타민 /Fat solubility Vitamin A/D/E/K(RE/ug/ug/ug)	38.05/0/0/0.02	291.08/0/0/0.15	28.19/0/0/0.02	225.52/0/0/0.16

크런치 두부샐러드
(Crunchy Bean Curd Salad)

비타민과 식이섬유가 풍부하게 들어가 있는 샐러드에 밀웜과 두부를 사용해서 필수아미노산을 늘렸다. 밀웜의 지방산인 단가 불포화지방산은 콜레스테롤 수치를 낮춰 주는 효능이 있어 다이어트나 운동 전 후 건강식으로도 좋다.

1. 피망(노랑, 빨강)는 얇게 채를 썬 다음 치커리는 손으로 뜯고 물에 담근다.
   그린 비타민과 어린잎 채소도 물에 담가둔다.
2. 두부는 으깨서 물기를 짜고, 양파, 마늘, 당근은 다진다. 기름을 살짝 두른 팬에 으깬 두부와 다져놓은 재료를 살짝 볶아 수분기를 날리고 밀웜 파우더를 같이 볶아 소금, 후추로 간을 한 다음 오븐팬에 넓게 펼쳐 180℃로 예열된 오븐에 30분간 굽는다.
3. 방울토마토를 반으로 잘라 올리브오일에 볶는다.
4. 식빵은 큐브모양으로 잘라 기름을 두르지 않은 팬에서 바삭하게 굽는다.
5. 발사믹식초, 올리브오일, 식초를 넣고, 소금, 후추로 간을 맞춘 이탈리안 드레싱을 준비한다
6. 모든 재료들을 드레싱에 버무려 마무리한다.

※ 밀웜이 가진 지방성분을 없애기 위해 오븐에 구워 기름을 날려 버리면 바삭바삭하고 맛과 고소함을 잡아 낼 수 있다

밀웜파우더 30g

두부 150g
피망(노랑,빨강) 100g
그린 비타민 10g
치커리30g
어린잎 채소 30g
양파 20g
마늘 10g
방울 토마토 50g
식빵 20g
건 크랜베리 10g
발사믹 식초 45g
올리브오일 5g
소금,후추

Chef's tip

1. 파프리카는 물에 담그면 색이 빠지므로 따로 담가둔다.
2. 두부에 약간의 소금을 뿌려두면 두부속에 있던 물기가 빠져나와 단단해진다.

재료(Ingredient)	물발자국(Water Foot Print)	재료(Ingredient)	물발자국(Water Foot Print)
두부(Tf)	27.76L	양파(On)	2.43L
피망(Pi)	37.9L	마늘(Ga)	4.47L
그린비타민(GV)	N/A	방울토마토(CT)	N/A
치커리(CHi)	N/A	식빵(Bd)	32.16L
건크랜베리(DCr)	N/A	올리브오일(Oi)	72.15L
발사믹식초(BV)	N/A		
밀웜 파우더 물발자국(Mealworm Powder WFP)			136.26L
밀웜 크런치 두부 샐러드 물발자국 총합계 (MW Crunch Tofu salad WFP in total)			313.14L

Tf=Tofu/Pi=Pimento/GV=Green Vitamin/CHi=Chicory/DCR=Dry Cranberry/
BV=Balsamic Vinegar/On=Onion/Ga=Garlic/CT=Cherry Tomato/Bd=Bread/Oi=Olive Oil/

영양성분 (Ingredient)	크런치 두부 샐러드(Crunchy Tofu Salad)		밀웜 크런치 두부 샐러드(MW Crunchy Tofu Salad)	
기준량/섭취량/quantitative standards/total intake per portion(g)	100g	495g(총중량)	100g	525g(총중량)
칼로리/Calorie(kcal)	71.82	355.5	180.28	946.47
단백질/Protein(g)	6.17	30.54	16.35	85.83
지방/Fat(g)	6.34	31.38	12.66	66.46
탄수화물/Carb(g)	10.5	51.97	10.22	53.65
총 식이섬유/Fiber (g)	N/A	N/A	N/A	N/A
칼슘/Ca(mg)	37.54	185.82	28.99	152.19
인/P(mg)	60.1	297.49	46.23	242.7
철/Fe(mg)	5.36	26.53	4.12	21.63
나트륨/Na(mg)	20.61	102.01	15.85	83.21
칼륨/K(mg)	150.19	743.44	115.53	606.53
필수아미노산/essential amino acid(mg)	N/A	N/A	N/A	N/A
수용성비타민/C(mg)	9.06	44.84	6.97	36.59
지용성비타민/Fat solubility Vitamin A/D/E/K(RE/ug/ug/ug)	N/A	N/A	N/A	N/A

감자 그라탕 (Pomme Dauphinoise)

프랑스 요리인 듀피 노아즈는 흔히 감자 그라탕 이라고 불린다. 우유와 생크림을 함께 쓰기 때문에 고소하고 담백한 맛이 일품이며 치즈와 감자의 조화가 뛰어나다. 여기에 밀웜을 넣어 동맥경화, 심근경색의 위험이 있는 포화지방산을 줄이고 불포화지방산을 함유한 메뉴로 만들었다.

1. 감자는 껍질을 벗기고 물에 넣어 전분기를 제거한 뒤 다이스(1x1x1cm)로 썬다.
2. 피망 양파를 다이스(1x1x1cm)로 썬다.
3. 브로콜리는 작은 크기로 나눈다.
4. 양송이는 채썰고 마늘은 다진다.
5. 버터를 녹이고 밀가루와 밀웜 파우더를 넣은 다음 약한 불에서 섞어 뭉쳐지면 우유를 넣고 화이트 루를 만든다.
6. 감자와 브로콜리를 소금물에 데치고 남은 야채는 올리브유에 볶는다.
7. 화이트 루에 생크림(휘핑크림)과 우유를 넣고 끓이면서 소금, 후추로 간을 해 소스를 만든다.
8. 오븐용 그릇에 모든 재료를 담고 화이트소스를 붓는다.
9. 모짜렐라 치즈와 파마산 치즈를 뿌려 오븐에서 색이 날때까지 굽는다.

※ 맛이 토마토 소스나 매운 소스 처럼 강하지 않고 감자 맛 그대로를 유지하기에 고소한 맛의 밀웜이 가장 적당하다. 40g 이상의 파우더 사용은 텁텁한 맛을 낼 수 있으므로 권장하지 않는다.

밀웜파우더 30g

감자 300g
피망(노랑,빨강) 100g
양파 100g
양송이 100g
마늘 20g
브로콜리 100g
중력분 30g
버터 30g
우유 300g
휘핑크림 200g
모짜렐라치즈 100g
파마산치즈 5g
소금.후추 2g
올리브 오일 15g

Chef's tip

1. 빵가루를 치즈 위에 올려 구워주면 바삭한 식감을 느낄 수 있다.

재료(Ingredient)	물발자국(Water Foot Print)	재료(Ingredient)	물발자국(Water Foot Print)
감자(Po)	58.2L	버터(Bu)	17.16L
피망(Pi)	37.9L	우유(Mi)	30.96L
양파(On)	12.17L	휘핑크림(WC)	N/A
양송이(Bm)	107.57L	모짜렐라치즈(MC)	N/A
마늘(Ga)	8.94L	파마산치즈(PC)	N/A
브로콜리(Br)	28.5L	중력분(MF)	55.47L
올리브오일(Oi)	216.46L	소금(Sa)	0.05L
후추(Pe)	13.83L		

베이컨100g 물발자국(bacon per 100g WFP)	**12113.3L**
밀웜 파우더 물발자국(Mealworm Powder WFP)	**136.26L**
베이컨 감자 그라탕 물발자국 총합계(Bacon Pomme Dauphinoise WFP in total)	**12700.53L**
밀웜 감자 그라탕 물발자국 총합계 (Mealworm Pomme Dauphinoise WFP in total)	**723.48L**

O Po=Potato/Pi=Pimento/BM=Button Mushroom/Ga=Garlic/Br=Broccoli/
Bu=Butter/Mi=Milk/WC=Whipping cream/MC=Mozzarella cheese/Pa=Parmesan cheese/MF=Medium Flour

영양성분 (Ingredient)	감자 그라탕(Pomme Dauphinoise)		밀웜 감자 그라탕(MW Pomme Dauphinoise)	
기준량/섭취량/quantitative standards/total intake per portion(g)	100g	1191g(총중량)	100g	1121g(총중량)
칼로리/Calorie(kcal)	132.39	1576.76	207.24	2323.16
단백질/Protein(g)	4.3	51.21	13.81	154.81
지방/Fat(g)	9.26	110.28	13.25	148.53
탄수화물/Carb(g)	8.24	98.13	8.4	94.16
총 식이섬유/Fiber (g)	34.29	408.39	27.49	308.16
칼슘/Ca(mg)	67.32	801.78	51.46	576.86
인/P(mg)	51.76	616.46	27.28	305.8
철/Fe(mg)	55.18	657.19	42.39	475.19
나트륨/Na(mg)	167.91	1999.8	83.57	936.81
칼륨/K(mg)	121.76	1450.16	79	885.59
필수아미노산/essential amino acid(mg)	258.18	3074.92	199.09	2231.79
수용성비타민/C(mg)	2.26	26.91	N/A	N/A
지용성비타민 /Fat solubility Vitamin A/D/E/K(RE/ug/ug/ug)	6.71 /0/0/0	79.91 /0/0/0	4.65 /0/0/0	52.12 /0/0/0

밀웜은 최대 40g까지 넣는 것을 권장한다. 추가로 넣을 경우 밀웜의 지방성분
이 높아져 자칫 떡볶이의 첫맛이 느끼해질 수 있으며 너무 소량 넣을 경우 영양
성분이 적어 영양성분의 불균형이 이루어질 수 있다. 또한 생(데친 후)으로 넣지
않은 이유는 떡볶이의 식감이 밀웜으로 인해 떨어질 수 있기 때문이다.

떡볶이 (Topokki)

한국 분식의 영원한 만형 떡볶이를 새롭게 만들어 보았다. 대한민국의 배고팠던 시절 국민과 함께한 대표적 영양 간식 쌀 떡볶이에 함유된 탄수화물은 포만감을 주지만 단백질이나 지방 등은 부족하여 아쉬운 부분이 있었다. 이런 부족한 요소를 보충하기 위해 밀웜이 가진 풍부한 단백질을 혼합하여 일반 떡볶이에 비해 3배 이상의 단백질을 함유하도록 하였다. 쌀 떡볶이 특유의 쫀득함과 밀웜의 고소함이 어우러진 영양 만점 국민 건강식이다.

1. 떡 150g을 30℃ 정도의 물에 20분간 불린다.
2. 물 800ml와 양파, 당근, 대파, 마늘을 각각 10g씩 넣고 육수를 끓여 준비한다.
3. 고추장, 고춧가루, 진간장, 물엿을 섞어 양념을 만든다.
4. 어묵100g은 삼각형 모양으로, 양배추20g과 양파20g은 굵게 채를 썰고, 대파 20g과 당근20g은 어슷(사선)썰기한다.
5. 준비된 육수에 위 재료를 넣고 양념을 넣고 약 5분간 끓인다.
6. 떡과 어묵을 넣고 약 5분정도 끓인다.

※ 계란은 물이 끓기 전에 넣어 10분 동안 삶는다.

밀웜파우더 40g

떡 150g
어묵 100g
양파 30g
대파 30g
당근 30g
양배추 20g
마늘 10g
계란 60g
고추장 150g
설탕 80g
물엿 50g
진간장 10g
고춧가루 15g
물 800ml

Chef's tip

1. 고추장은 햅쌀 고추장보다 밀가루 고추장이 떡볶이에 훨씬 잘 어울린다. 이유는 햅쌀 고추장은 매운맛이 강하고 점도가 강하지 않아 떡볶이 특유의 걸쭉함이 나오지 않기 때문이다.

재료(Ingredient)	물발자국(Water Foot Print)	재료(Ingredient)	물발자국(Water Foot Print)
떡(RC)	N/A	계란(Eg)	0.29L
어묵(FBC)	60.1L	고추장(HP)	8746.92L
양파(On)	3.65L	설탕(Su)	142.56L
대파(So)	10.44L	물엿(SS)	2.48L
당근(Ca)	6.98L	간장(S)	113.41L
양배추(CA)	1.70L	고춧가루(PR)	18.88L
마늘(Ga)	4.47L	물(Wt)	0.8L
밀웜 파우더 물발자국(Mealworm Powder WEP)			181.68L
밀웜 떡볶이 물발자국 총 합계(Mealworm Topokki WFP in total)			9294.34L

RC=Rice Cake/FBC=Fish Ball Cake/On=Onion/So=Spring Onion/CA=Cabbage/Ca=Carrot/Ga=Garlic/
Eg=Egg/HP=Hot Pepperpaste/
Su=Sugar/SS=Starch Syrup/SS=Soy Souce/PR=Powder of Red Pepper/Wt=Water

영양성분 (Ingredient)	떡볶이(Topokki)		밀웜 떡볶이(Mealworm Topokki)	
기준량/섭취량/quantitative standards/total intake per portion(g)	100g	715g(총중량)	100g	755g(총중량)
칼로리/Calorie(kcal)	191.52	1369.36	291.61	2201.65
단백질/Protein(g)	5.08	36.32	18.00	135.9
지방/Fat(g)	1.54	11.01	10.73	81.01
탄수화물/Carb(g)	40.94	292.72	31.90	240.84
총 식이섬유/Fiber (g)	1.50	10.72	2.45	18.49
칼슘/Ca(mg)	27.43	196.12	19.74	149.03
인/P(mg)	68.40	489.06	48.86	368.89
철/Fe(mg)	1.73	12.36	1.23	9.28
나트륨/Na(mg)	916.91	6555.9	654.93	4944.72
칼륨/K(mg)	307.75	2200.41	219.82	1659.64
필수아미노산/essential amino acid(mg)	220.62	1577.43	158.20	1194.41
수용성비타민/C(mg)	3.99	28.52	2.85	21.51
지용성비타민/Fat solubility Vitamin A/D/E/K(RE/ug/ug/ug)	546.20/0/0/0	3905.33/0/0/0	390.14/0/0/0	2945.55/0/0/0

수제비 (Soup with Dough Flakes)

수제비는 한국의 전통음식으로 반죽을 뜯어 장국에 끓여먹는 음식이다. 탄수화물에만 집중되어 있었던 반죽에 밀웜을 첨가해 지방과 단백질의 함량을 높여 영양의 균형을 맞췄다. 또한 밀웜의 식이섬유는 대장암, 성인병을 예방하고 포만감을 느끼게 해 과식을 예방하고 콜레스테롤 수치를 낮추는 효과도 있어 청장년층에 건강식으로 추천한다.

1. 냄비에 물을 올려 내장을 제거한 멸치와 대파, 마늘, 다시마를 넣고 육수를 만든다.
2. 표고버섯은 따뜻한 물에 불려 채 썬다.
3. 밀가루와 밀웜 파우더는 4:1비율로 섞어 테이블 스푼으로 물 4스푼(4T)과 소량의 소금을 넣고 반죽한다.
4. 애호박은 돌려깎기 후 채 썬다.
5. 계란 황백지단을 부친 후 채 썬다.
6. 애호박과 표고버섯 각각 따로 팬에 볶는다.
7. 육수는 체에 걸러 냄비에 부어 국간장과 소금으로 간한다.
8. 육수에 수제비 반죽을 뜯어 넣고 끓인다.
9. 완성된 수제비를 담고, 고명을 올린다.

※ 수제비 반죽에 사용하는 식용곤충은 볶거나 가열하여 사용하지 않기 때문에 곤충이 가진 특유의 냄새가 느껴지지 않도록 하는 것에 초점을 맞췄다. 따라서 여러가지 식용곤충을 사용해 본 결과, 밀웜이 가장 적합했다. 또한 50g 이상의 밀웜 파우더를 사용할 경우 수제비 본래의 맛이 변질될수 있기에 최대 사용량을 50g으로 권장한다

재료(Ingredient)	물발자국(Water Foot Print)	재료(Ingredient)	물발자국(Water Foot Print)
중력분(MF)	369.8L	소금(Sa)	0.14L
애호박(GP)	N/A	간장(S)	170.11L
계란(Eg)	0.24L	멸치(An)	N/A
실고추(SRP)	N/A	마늘(Ga)	2.23L
건표고(SM)	11.82L		
밀웜 파우더 물발자국(Mealworm Powder WFP)			**227.1L**
밀웜 수제비 물발자국 총합계(Mealworm SDF WFP in total)			**781.45L**

MF=Medium Flour/GP=Green Pumpkin/E=Egg/
SRP=Shredded Red Pepper/SM=Shiitake Mushroom/S=Salt/
S=Soy Sauce/An=Anchovy/G=Garlic

밀웜파우더 50g

중력분 200g
애호박 40g
계란 50g
실고추 5g
소금 5g
국간장 15g
멸치 20g
마늘 5g
건 표고버섯 4g

Chef's tip

1. 반죽을 한 뒤 반죽이 마르지 않게 젖은 행주로 덮어둔다.
2. 간을 할 때는 국간장과 소금 두 가지를 사용하는데, 국간장은 색을 맞추는 정도로 사용하고, 색을 내고 난 후에 간이 더 필요하면 깔끔한 맛을 내는 소금을 사용하는 것이 좋다.
3. 고명용 애호박은 소량의 오일을 두르고 살짝만 볶는다.
4. 수제비를 그릇에 담을 때 고명이 육수에 닿지 않도록 한다.
5. 표고버섯은 간장과 설탕, 참기름으로 간을 하면 고소한 맛을 살릴 수 있다.
6. 고명은 표고버섯, 애호박, 황백지단, 실고추 순으로 올려 마무리 한다.

영양성분 (Ingredient)	수제비(Soup with Dough Flakes)		밀웜 수제비(Mealworm SDF)	
기준량/섭취량/quantitative standards/total intake per portion(g)	100g	316g(총중량)	100g	366g(총중량)
칼로리/Calorie(kcal)	234.84	742.09	337.18	1234.07
단백질/Protein(g)	9.87	31.18	23.35	85.46
지방/Fat(g)	2.35	7.42	12.8	46.84
탄수화물/Carb(g)	46.89	148.17	34.37	125.79
총 식이섬유/Fiber (g)	2.88	9.1	3.52	12.88
칼슘/Ca(mg)	31.99	101.08	21.32	78.03
인/P(mg)	161.98	511.85	107.98	395.2
철/Fe(mg)	2.45	7.74	1.63	5.96
나트륨/Na(mg)	551.64	1743.18	367.76	1346
칼륨/K(mg)	222.21	702.18	148.31	542.81
필수아미노산/essential amino acid(mg)	3065.72	9687.67	2044.53	7482.98
수용성비타민/C(mg)	1.89	5.97	1.26	4.61
지용성비타민/Fat solubility Vitamin A/D/E/K(RE/ug/ug/ug)	33.41 /0/0/0	105.57 /0/0/0	22.27 /0/0/0	81.5 /0/0/0

춘권 (Spring Roll)

중국의 춘권을 베트남트남 스타일 춘권인 짜조(Cha Gio)스타일로 만들어 보았다. 라이스페이퍼로 인해 식재료의 육즙이 많이 손실되지 않고 식자재 본연의 맛을 느낄 수 있다. 기존 춘권에서 사용하던 채소와 육류 속 대신 밀웜을 사용함으로서 식감은 살리고 단백질 함량은 향상 시켰다. 육류의 높은 콜레스테롤을 없애고 밀웜의 불포화 지방산을 통해 콜레스테롤을 최소화 하였다.

1. 건조 밀웜을 살짝 볶고, 당면은 물에 불린 후 삶는다.
2. 밀웜, 양파, 당근, 당면, 양배추, 대파를 곱게 다진다.
3. 달군 팬에 기름을 두른 후 다져놓은 재료와 소금, 후추, 간장을 넣고 볶은 뒤 식힌다.
4. 라이스 페이퍼에 물을 뿌린 후 부드러워 지면 속 재료를 30g씩 넣고 말아준다.
5. 기름에 튀긴 후 키친타올에 올려 기름을 제거한다.

※ 40g 이상 파우더양을 초과할시 맛이 텁텁해져 식감이 좋지 않다. 정량을 지켜 조리하는 것을 권장한다.

밀웜파우더 40g
라이스 페이퍼 6장
양파 50g
당근 30g
당면 20g
양배추 30g
대파 20g
식용유 500ml
소금 5g
후추 5g
간장 10g

Chef's tip

1. 라이스 페이퍼는 물을 뿌리면 투명해지고 찢어지기 쉬우니 주의한다.
2. 튀길 때 바닥에 달라붙지 않도록 한다.

재료(Ingredient)	물발자국(Water Foot Print)	재료(Ingredient)	물발자국(Water Foot Print)
라이스페이퍼(RiP)	N/A	소금(Sa)	0.14L
양파(On)	6.08L	후추(Pe)	34.58L
당근(Ca)	6.98L	간장(S)	113.41L
양배추(Cb)	2.55L	식용유(CO)	20.25L
대파(SP)	6.96L	당면(GN)	N/A
건조 밀웜 물발자국(Dried Mealworm WFP)			181.68L
밀웜 춘권 물발자국 총 합계(Mealworm Spring Roll WFP in total)			372.65L

RiP=Rice Paper/On=Onion/Ca=Carrot/Cb=Cabbage/So=Spring onion/Sa=Salt/Pe=Pepper/S=Soy Sauce/CO=Cooking Oil/GN=Glass Noodles

영양성분 (Ingredient)	춘권(Spring Roll)		밀웜 춘권(Mealworm Spring Roll)	
기준량/섭취량/quantitative standards/total intake per portion(g)	100g	670g(총중량)	100g	710g(총중량)
칼로리/Calorie(kcal)	707.15	4737.9	659.92	4685.43
단백질/Protein(g)	0.42	2.81	14.67	104.15
지방/Fat(g)	74.68	500.35	62.97	447.08
탄수화물/Carb(g)	4.61	30.88	5.95	42.24
총 식이섬유/Fiber (g)	5.63	37.72	5.39	38.26
칼슘/Ca(mg)	11.07	74.16	8.05	57.15
인/P(mg)	13.04	87.36	9.31	66.1
철/Fe(mg)	0.7	4.69	0.5	3.55
나트륨/Na(mg)	321.77	2155.85	229.84	1631.86
칼륨/K(mg)	61.86	414.46	44.18	313.67
필수아미노산/essential amino acid(mg)	28.75	192.62	21.14	150.09
수용성비타민/C(mg)	1.68	11.25	1.2	8.52
지용성비타민/Fat solubility Vitamin A/D/E/K(RE/ug/ug/ug)	58.19/0/0/0	389.87/0/0/0	41.56/0/0/0	295.07/0/0/0

※ 40g 이상 파우더 양을 초과할시 맛이
텁텁해져 식감이 좋지 않다. 만두피를 반죽
할 시 레시피에 명시된 양을 초과하면 반
죽이 뭉쳐지지 않거나 만두피를 펼칠 때 피
가 찢어질 수 있으니 주의해야한다.

군만두 (Fried Dumpling)

중식이지만 더 한식같은 군만두는 한입에 먹을 수 있는 편리함과 만두 속에 무엇을 넣느냐에 따라서 영양성분이 달라진다. 일반적으로 사용되는 돼지고기 대신 만두에 밀웜, 메뚜기 파우더를 첨가하여 고소한 맛을 더했고 단백질과 칼슘은 더 강화하였다. 또한 버섯, 새우로 씹는 맛을 더하여 먹는 재미가 있는 만두를 만들었다.

만두속

1. 마늘, 청량, 홍고추, 새우, 새송이를 잘게 다지고 새우는 칼면으로 쳐서 도마에 넓게 펴 끈기가 생기게 다진다.
2. 파우더를 다져놓은 재료에 섞는다.
3. 당면을 물에 불려 1cm길이로 자르고 채에 받쳐 물을 뺀다.
4. 물을 뺀 당면에 간장, 미원, 설탕, 후추, 참기름을 사용하여 간을 하고 다져 놓은 재료들과 섞어 끈기가 생기도록 치대어 만두속을 만든다.

만두피

1. 밀가루와 메뚜기 파우더를 완전히 섞어 미지근한 물을 조금씩 넣어 가며 반죽을 치댄다.
2. 치댄 만두피 반죽을 바닥에 덧 가루를 뿌리고 밀대로 밀어 지름6cm 정도로 만든다.

만두 만들기

1. 만두피 중앙에 만두속을 약1Ts를 넣고 원 가장 자리에 물을 살짝 바른다.
2. 만두피를 반으로 접은 후 꾹 눌러 모양을 잡아 붙인다.
3. 찜기에 6~8분간 찌고 뜨거운 김을 한번 날려준 뒤 기름 두른 팬에 만두를 노릇하게 굽는다.

재료(Ingredient)	물발자국(Water Foot Print)	재료(Ingredient)	물발자국(Water Foot Print)
청량고추(CP)	11.81L	후추(Pe)	34.58L
새송이(KOM)	15.81L	대파(Sp)	13.93L
홍고추(RP)	23.63L	참기름(So)	2.25L
당면(GN)	N/A	간장(S)	170.11L
마늘(Ga)	17.88L	식초(Vi)	0.146L
새우(Sh)	N/A	설탕(Su)	26.73L
물(Wt)	0.07L	밀가루(F)	314.33L
밀웜 파우더(Mealworm Powder WEP)			136.26L
메뚜기 파우더(Grasshopper Powder WEP)			17.7L
밀웜&메뚜기 군만두 물발자국 총합계 (MW&GH Fried Dumpling WFP in total)			785.26L

CP=Chili Pepper/KOM=King Oyster Mushroom/RP=Red Pepper/GN=Glass Noodles/Ga=Garlic/Su=Sugar/ Sh=Shrimp/Wt=Water/ Pe=Pepper/So=Spring onion, Sesame oil/S=Soy sauce/Vi=Vineger/F=Flour

영양성분 (Ingredient)	군만두(Fried Dumpling)		밀웜&메뚜기 군만두(MW&GH Fried Dumpling)	
기준량/섭취량/quantitative standards/total intake per portion(g)	100g	500g(총중량)	100g	440g(총중량)
칼로리/Calorie(kcal)	234.11	1170.55	310.16	1364.74
단백질/Protein(g)	9.81	49.08	21.27	93.59
지방/Fat(g)	5.85	29.28	11.79	51.9
탄수화물/Carb(g)	37.91	189.57	35.79	157.49
총 식이섬유/Fiber (g)	1.95	9.77	2.77	12.21
칼슘/Ca(mg)	27.8	139	65.86	289.8
인/P(mg)	117.34	586.7	72.8	320.33
철/Fe(mg)	3.01	15.06	2.57	11.34
나트륨/Na(mg)	70.42	352.1	76.67	337.35
칼륨/K(mg)	231.28	1156.4	166.64	733.23
필수아미노산/essential amino acid(mg)	1149.43	5747.14	1026.87	4518.25
수용성비타민/C(mg)	5.88	29.4	5.25	23.1
지용성비타민 /Fat solubility Vitamin A/D/E/K(RE/ug/ug/ug)	18.96 /0/0/0	94.8 /0/0/0	16.57 /0/0/0	72.91 /0/0/0

밀웜파우더 30g
메뚜기 파우더10g

청량고추 10g
새송이 10g
홍고추 20g
당면 50g
마늘 40g
설탕 5g
후추 5g
새우 40g
파 40g
참기름 5g
간장 5g

만두피

밀가루 170g
물 70g

초간장

간장 10g
식초 10g
설탕 10g

Chef's tip

1. 만두 속이 잘 안 뭉칠 경우 밀가루나 전분을 넣고 섞는다.
2. 만두의 끝 부분을 완전히 붙여주지 않으면 만두가 터진다.
3. 뜨거운 물로 반죽(익반죽)을 해주면 처음 성형해준 모양으로 조리를 해도 많이 변형되지 않는다.
4. 만두피가 얇을 수록 맛과 모양이 좋다.

견과류강정 (Mixed Nuts Cracker)

대한민국 전통 간식 중 가장 보편화된 견과류 강정에 건조 밀웜을 첨가하여 성장기에 있는 청소년과 스트레스에 노출된 성인들을 위한 부담 없는 간식을 만들어보았다. 밀웜의 고소한 맛과 견과류의 단백함이 어울리는 전통 퓨전한식 메뉴이다. 꼬박꼬박 종류별로 챙겨먹기 힘든 견과류를 강정으로 만들어 먹기도 편할뿐더러 조리도 간편하며 서늘한 곳이나 냉장고에 보관시 장기보관되는 용이함이 있다.

1. 견과류와 건조밀웜을 다져 팬에 살짝 볶는다.
2. 팬에 설탕과 물엿, 물을 넣고 젓지 말고 끓여 시럽을 만든다.
3. 약불 위에서 다져서 볶은 재료와 시럽과 잘 섞는다.
4. 버터를 바른 틀에 넣고 눌러 모양을 잡거나 넓은 시트팬에 유산지를 깔고 밀대로 밀어모양을 잡는다.
5. 냉장고에서 굳힌 후 원하는 모양으로 자른다.

※ 견과류강정에 미립자 형태의 밀웜이 아닌 건조밀웜분태를 사용함으로서 강정의 바삭한 식감을 끌어올렸다. 만약 파우더로 조리를 할 경우 시럽과 강정을 비비는 단계에서 파우더가 뭉치면서 바삭한 식감이 사라질수 있다. 건조밀웜분태를 사용함으로 곤충식에 대한 호기심을 주기에도 충분하다. 건조밀웜의 양은 자신의 취향에 따라 양을 더 늘릴수도 있지만 40g정도를 권장한다.

건조밀웜 40g

땅콩 30g
호두 40g
아몬드 40g
크렌베리 20g
호박씨 30g
해바라기씨 30g
검은깨 5g
설탕 30g
물엿 30g
물 10g

Chef's tip

1. 시럽을 만들 때 설탕량이 많아지면 굳혔을 때 너무 딱딱해지므로 물엿과 같은 비율로 사용한다.

재료(Ingredient)	물발자국(Water Foot Print)	재료(Ingredient)	물발자국(Water Foot Print)
땅콩(Pn)	66.93L	해바라기씨(Sf)	100.98L
호박씨(Ps)	N/A	호두(Wn)	371.2L
아몬드(A)	643.8L	크렌베리(Cr)	N/A
검은깨(Bl)	46.85L	설탕(Su)	53.46L
물엿(SS)	1.48L	물(Wt)	0.01L
건조밀웜 파우더 물발자국(Dried Mealworm Powder WFP)			181.68L
밀웜 견과류강정 물발자국 총합계 (Mealworm Mix nuts Cracker WFP in total)			1466.39L

Pn=Peanut/Ps=Pumpkin seed/A=Almond/Bl=Black sesame/SS=Starch Syrup
Sf=Sunflower seed/Wn=Walnut/Cr=Cranberry/Su=Sugar/Wt=Water

영양성분 (Ingredient)	견과류강정(Mix nuts Cracker)		밀웜 견과류강정(Mealworm Mix nuts Cracker)	
기준량/섭취량/quantitative standards/total intake per portion(g)	100g	235g(총중량)	100g	275g(총중량)
칼로리/Calorie(kcal)	490	1151.5	505	1388.75
단백질/Protein(g)	14.4	33.84	24.6	67.65
지방/Fat(g)	35.6	83.66	35	96.25
탄수화물/Carb(g)	36.3	85.3	28.5	78.37
총 식이섬유/Fiber (g)	3.8	8.93	4.12	11.33
칼슘/Ca(mg)	106.4	250.04	76.1	209.27
인/P(mg)	413.6	971.96	295.4	812.35
철/Fe(mg)	2.9	6.81	2	5.5
나트륨/Na(mg)	70.8	166.38	50.5	138.87
칼륨/K(mg)	445.7	1047.39	318.4	875.6
필수아미노산/essential amino acid(mg)	N/A	N/A	0.6	1.65
수용성비타민/C(mg)	0.015	0.03	0.01	0.02
지용성비타민 /Fat solubility Vitamin A/D/E/K(RE/ug/ug/ug)	1.4 /0/0/0	3.29 /0/0/0	1 /0/0/0	2.75 /0/0/0

희망건빵 (Hardtack 4 Children)

2천3백만 아프리카 아이들은 진흙을 섞어 만든 진흙쿠키라는 것을 주식
처럼 먹으며 배고픈 채로 하루를 보낸다. 안타까운 것은 그중 100만명의
아이들은 그나마도 먹지못해 심각한 영양실조와 기아, 질병에 노출되어
있다는 사실이다. 희망 건빵은 이러한 아이들을 위해 개발한 영양만점 메
뉴이다. 건빵에 밀웜을 혼합하여 성장에 도움을 주고 근육을 생성해주는
단백질과 필수아미노산 등의 영양소가 보강되었다. 건조 후 중량이 가벼
워 휴대가 용이하고 유통기간이 길어 기아해소에 큰 역할을 할 수 있다.
굶주림으로 고통받는 모든 사람들에게 희망이 되는 빵이 되길 기대한다.

1. 밀가루, 물, 소금, 분쇄 밀웜을 넣고 반죽한다
2. 반죽을 밀어 1.2cm 정도의 두께로 만들고 가로×세로 7.5cm 정도로 반죽을 분할 한다.
3. 오븐 팬에 밀가루를 뿌리고 건빵 반죽을 일정한 간격으로 올린다.
4. 반죽을 포크로 일정한 간격으로 찍는다.
5. 190℃ 온도로 예열된 오븐에 넣고 앞면 15분 뒷면 15분으로 굽는다.

※ 곤충 파우더는 밀가루처럼 물에 녹아서 섞이지 않고 반죽 겉면에 미세입자들이 박히기 때문에
이 책에서 정한 30g을 넘길시 반죽이 잘 안되어지고 제면 시 잘 끊어진다.

재료(Ingredient)	물발자국(Water Foot Print)	재료(Ingredient)	물발자국(Water Foot Print)
중력분(MF)	839.44L	물(Wt)	0.23L
소금(Sa)	0.16L		
분쇄 밀웜 물발자국(Grinded Mealworm WFP)		136.26L	
밀웜 희망건빵 물발자국 총합계(Mealworm hardtack 4 Children WFP in total)		976.1L	

MF=Medium Flour/Sa=Salt/Wt=Water

분쇄 밀웜 30g
(건빵 2인분)
중력분 454g
물 237g
소금 6g

Chef's tip

1. 건빵 반죽을 포크로 찍을 때 수직으로 세
워 찍는다.
2. 빵이 딱딱하므로 스프나 소스에 찍어 먹어
도 좋다.
3. 식혀서 말리면 좀 더 딱딱해지고 보관이
길어진다.

영양성분 (Ingredient)	건빵 (Hardtack)		밀웜 희망 건빵 (Mealworm Hardtack 4 Children)	
기준량/섭취량/quantitative standards/total intake per portion(g)	100g	460g(총중량)	100g	490g(총중량)
칼로리/Calorie(kcal)	322.13	1481.79	372.83	1826.86
단백질/Protein(g)	11.75	54.05	20.65	101.18
지방/Fat(g)	1.58	7.26	8.99	44.05
탄수화물/Carb(g)	70.65	324.99	56.49	276.8
총 식이섬유/Fiber (g)	3.65	16.79	3.92	19.2
칼슘/Ca(mg)	27.68	127.32	21.41	104.9
인/P(mg)	186.75	859.05	143.66	703.93
철/Fe(mg)	2.99	13.75	2.3	11.27
나트륨/Na(mg)	425.36	1956.65	327.2	1603.28
칼륨/K(mg)	226.32	1041.07	174.09	853.04
필수아미노산/essential amino acid(mg)	3260.87	15000	2508.85	12293.37
수용성비타민/C(mg)	0	0	0	0
지용성비타민 /Fat solubility Vitamin A/D/E/K(RE/ug/ug/ug)	0.98 /0/0/0	4.50 /0/0/0	0.76 /0/0/0	3.72 /0/0/0

메뚜기 & 혼합곤충
Grasshopper & Mixed Insects

초코칩 쿠키
짜장면
탕수육
샤오마이
라자냐
풍기로제 파스타

Grasshopper

메뚜기의 특징&효능

메뚜기는 책에서 다루는 식용곤충 중 단백질 함량이 가장 높은 식재료이다.
단백질과 함께 트립신이 풍부하여 소화 촉진의 기능이 있다. 한의학적으로는
천식의 치료와 위장, 비장 기능강화, 정력 강화의 효능을 얻을 수 있다.

메뚜기 물발자국

1kg당 **1770L**

영양성분(Ingredients)

Nutrient facts(100g)	
열량(kcal)	377.9
수분(Moisture)	4-10
염분(sodium)	0.11
탄수화물(Carbohydrate)	-
지방(Fat)	10.7
단백질(Protein)	70.40
필수아미노산(Essencial amino acid)	1.98
칼슘(Calcium, Ca)	0.57
칼륨(Potassium, K)	0.19
비타민A(Vitamin A) (RE)	221

국내산 벼메뚜기(breeded and examed in South Korea)
영양성분 출처: 벼메뚜기 시험 연구사업 보고서, 강성주 연구사, 2013

※ 메뚜기의 경우 가장 영양성분 파괴가 적은 동결건조를 거친 이후의 영양성분 데이터를 제시했다.
그러나 본 연구팀은 열풍건조기, 마이크로웨이브를 통해 건조했음을 밝힌다. 동결건조와 열풍건조의
영양성분오차는 0.005g내외이다.

1

메뚜기는 1-2일 동안 절식시킨 후 채에 넣어 뜨거운 물에 깨끗이 씻는다.

2

깨끗이 씻은 메뚜기를 끓는 물에 데친다.

3

–전문 업장의 경우 열풍/동결건조기로 건조 후 사용한다. (열풍 건조 시 권장방법:120℃/15분)

–가정의 경우 마이크로 웨이브를 사용해 건조, 조리를 동시에 할 수 있다. (1회 조리 시 권장방법: 100g/15분)

※마이크로웨이브에 대한 설명은 밀웜 손질법을 참조할 것.

메뚜기 Grasshopper 손질법 tip

암컷　　　수컷

메뚜기 성체의 경우 암, 수의 크기와 영양의 차이가 있다.

	암컷	수컷
생체 마리당 중량(g)	0.7-1.0	0.3-0.5
열풍 건조 시 중량(g)	0.2-0.3	0.13-0.18
동결 건조 시 중량(g)	0.18-0.25	0.1-0.13

	암컷	수컷
단백질	70.74	69.16
지방	10.07	10.79
회분	4.62	4.67

	암컷	수컷
단백질	75.60	65.21
지방	11.11	10.31
회분	4.85	4.22

출처 : 전남 농업기술원 곤충잠업연구소 강성주 연구사(벼메뚜기 시험 연구 사업보고서, 2013)

4. 날개와 뒷다리의 돌기를 제거한다.
뒷다리의 돌기가 섭식 시 목에 걸릴 수 있기 때문에 제거해야 함.
※메뚜기 볶음이나 튀김은 밀웜 손질법 참조.

5. 열풍/동결건조 또는 마이크로웨이브로 조리한 메뚜기를 기호에 따라 그대로 사용하거나 믹서기, 분쇄기를 이용해 파우더화한다.
믹서기는 성능에 따라 입자가 달라지며, 균일한 초미립자 파우더를 원하면 제분기계를 이용하면 된다.
메뉴에 따라 분쇄, 파우더화하여 적절히 사용하면 된다.
※메뚜기/귀뚜라미의 경우 허브나 녹차가루, 쑥, 계피와 함께 혼합해 파우더화하면 향과 곤충의 고소함을 함께 느낄 수 있다.

메뚜기 손질 단계별 분류

건조–건조 후 손질–분쇄–분말

 ## 메뚜기 | Grasshopper 보관법

건조 메뚜기

건조 메뚜기 파우더

건조 메뚜기　　　건조 메뚜기 파우더

※ 장기보관 시
지퍼락이나 진공포장지와 같은 밀폐용기에 냉동 보관한다.
해동 후 냉장보관하고 2주 이내 섭취하는 것을 권장한다.

※ 단기보관 시
유리나 플라스틱 밀폐용기에 냉장 보관한다.
2주 이내 섭취하는 것을 권장한다.

초코칩 쿠키 (Chocolate Chip Cookies)

입안에서 부드럽게 녹아드는 촉촉한 초코칩 쿠키에 예민해진 신경을 안정 시켜주는데 효능이 있다고 알려진 메뚜기를 사용하였다. 초콜릿의 당분 은 우울할때 기분을 좋아지게 만드는 효과가 있다고 알려져 있기에 메뚜 기가 가진 효능과 궁합이 잘맞는 식자재이다. 신경적으로 예민하거나 스 트레스 받을때 신경을 안정시켜주는 메뚜기 초코칩 쿠키를 먹어 보는건 어떨까?

1. 실온에 녹인 버터에 황설탕과 소금을 넣고 부드럽게 섞는다.
2. 녹인 버터에 계란을 두 세번 나눠 넣고 완벽하게 크림화를 시켜 바닐라액을 넣어 섞는다.
3. 박력분과 코코아가루, 베이킹파우더, 메뚜기 파우더를 함께 체 쳐 넣고 주걱으로 골고루 섞 는다.
4. 완성한 반죽에 준비한 초코칩의 2/3 정도를 넣고 골고루 섞는다.
5. 반죽을 15g씩 떼어 동그랗게 만들어 팬에 놓고 살짝 누른 후 나머지 초코칩을 표면에 꽂는다.
6. 175℃~180℃의 오븐에서 약 7~10분간 굽는다.

주의사항

이 책에서 명시 되어있는 파우더 양을 초과하면 맛이 텁텁해지며 색감이 많이 나기 때문에 정량을 지켜야 한다.

재료(Ingredient)	물발자국(Water Foot Print)	재료(Ingredient)	물발자국(Water Foot Print)
박력분(WF)	203.39L	계란(Eg)	0.24L
코코아가루(COP)	156.36L	버터(Bu)	62.92L
황설탕(BS)	N/A	바닐라액(VE)	N/A
초코칩(CHC)	1720L	베이킹파우더(BP)	N/A
메뚜기 파우더 물발자국(Grasshopper Powder WFP)			53.1L
메뚜기 초코칩 쿠키 물발자국 총합계(Grasshopper ChocoChip WFP in total)			2196.01L

WF=Weak Flour/COP=Cocoa Powder/BS=Brown sugar/BP=Baking Powder/
CHC=Choco chip/Eg=Egg/Bu=Butter/Ve=Vanilla essence

메뚜기 파우더30g

박력분 110g
코코아가루 10g
황설탕 50g
베이킹파우더 2g
계란 50g
버터 110g
바닐라액 3g
초코칩 100g
소금

Chef's tip

1. 반죽이 너무 묽지 않게 한다. 만약 묽다면 쿠키의 모양이 넓적해지므로 주의 한다.

영양성분 (Ingredient)	초코칩 쿠키(Chocochip cookie)		메뚜기 초코칩 쿠키(GH Chocochip cookie)	
기준량/섭취량/quantitative standards/total intake per portion(g)	100g	344g(총중량)	100g	374g(총중량)
칼로리/Calorie(kcal)	449.01	1544.59	432.6	1617.92
단백질/Protein(g)	5.03	17.3	20.11	75.21
지방/Fat(g)	28.81	99.1	24.63	92.11
탄수화물/Carb(g)	42.6	146.54	32.77	122.55
총 식이섬유/Fiber (g)	1.8	6.192	1.39	5.19
칼슘/Ca(mg)	66.26	227.93	184.15	688.72
인/P(mg)	126.67	435.74	97.44	364.42
철/Fe(mg)	0.91	3.13	1.32	4.93
나트륨/Na(mg)	491.61	1691.13	404.37	1512.34
칼륨/K(mg)	84.93	292.15	109.28	408.7
필수아미노산/essential amino acid(mg)	1704.2	5862.44	1311.38	4904.56
수용성비타민/C(mg)	N/A	N/A	N/A	N/A
지용성비타민/Fat solubility Vitamin A/D/E/K(RE/ug/ug/ug)	148.83/0/0/0	511.97/0/0/0	114.49/0/0/0	428.19/0/0/0

자장면
(Noodles with Black Bean Sauce)

중국에는 없어도 한국에는 있는 한국식 중식 자장면은 오랜 시간 한국인들에게 사랑받는 메뉴이다. 메뚜기 파우더를 면에 넣어 반죽함으로서 짜장면 특유의 고소한 맛은 더욱 살리고 단백질, 칼슘, 비타민의 함량을 획기적으로 높인 음식이다. 배달 음식으로만 생각했던 자장면을 집에서 직접 만들어 보는 것은 어떨까?

1. 밀가루에 메뚜기 파우더, 물을 넣고 반죽을 한다. 면 반죽을 0.3cm두께로 밀어주고 원하는 얇기로 면을 뽑는다.
2. 생강과 대파는 곱게 다지고, 양파, 감자, 양배추, 애호박은 스몰다이스(1x1x1cm)로 썰어 준다.
3. 스몰 다이스한 감자는 끓는 물에 살짝 데쳐 설익은 상태로 반 조리 한다.
4. 기름 넣은 팬을 불에 올리고 춘장을 넣고 기름에 볶는다.
5. 끓는 물에 면을 삶아 찬물에 헹군다.
6. 달군 팬에 기름을 두르고 생강을 살짝 볶다가 스몰 다이스한 양파, 감자, 호박, 대파를 넣고 볶은 후 춘장을 넣고 살짝 볶는다.
7. 물을 넣고 끓이다 녹말 물을 풀어 농도를 맞추고 짜장 소스를 완성한다.
8. 면을 말아 그릇에 담은 후 짜장 소스를 붓는다.

※ 면을 반죽할 때 레시피에 명시된 정량을 초과할시 반죽이 잘 뭉쳐지지 않으며 재면 시 면이 끊어지기 때문에 정양 사용을 권장한다. 곤충 파우더가 아닌 분쇄를 사용하면 반죽이 뭉쳐지지 않는다.

메뚜기 파우더 40g

중력분 200g
양파 30g
감자 50g
양배추 20g
애호박 30g
대파 20g
생강 5g
녹말가루 20g
춘장 50g
소금 5g
설탕 30g
물

Chef's tip

1. 만들어진 면이 붙지 않도록 전분가루나 밀가루를 뿌린다.
2. 춘장을 볶을때는 춘장에 기름을 먹여준다는 느낌으로 윤기가 나고 타지 않게 볶는다.
3. 면을 삶을 때 끓는 물의 양이 많아야 면이 달라 붙지 않고 면이 익었을때 밀가루 냄새가 나지않는다.
4. 면을 완전히 익혀 찬물에 면을 씻어 전분기를 없앤다.
5. 소스에 녹말 물을 풀때는 끓고 있을때 빠르게 저어주며 녹말 물을 부어야 녹말물이 굳지 않는다.

재료(Ingredient)	물발자국(Water Foot Print)	재료(Ingredient)	물발자국(Water Foot Print)
중력분(MF)	369.8L	대파(Sp)	6.96L
양파(On)	3.65L	양배추(Cb)	1.7L
감자(Po)	9.7L	녹말(St)	2.46L
애호박(Gp)	N/A	춘장(Chu)	410.62L
설탕(Su)	53.46L	생강(Gi)	2.2L
돼지고기 60g 물발자국(Polk per 60g WFP)			**359.28L**
메뚜기 파우더 물발자국(Grasshopper Powder WFP)			**70.8L**
자장면 물발자국 총 합계(NBBS WFP in total)			**1219.83L**
메뚜기 자장면 가상수 총 합계(GH NBBS WFP in total)			**931.35L**

MF=Medium Flour/On=Onion/Po=Potato/GP=Green Pumkin/Su=Sugar/
Sp=Spring Onion/Cb=Cabbage/St=Starch/Chu=Chunjang/Gi=Ginger

영양성분 (Ingredient)	자장면(Noodles with blackbean sauce)		메뚜기 자장면(GH Noodles with blackbean sauce)	
기준량/섭취량/quantitative standards/total intake per portion(g)	100g	450g(총중량)	100g	430g(총중량)
칼로리/Calorie(kcal)	205.51	924.8	260.24	1119.07
단백질/Protein(g)	8.78	39.53	24.9	107.09
지방/Fat(g)	1.24	5.61	3.66	15.76
탄수화물/Carb(g)	42.39	190.77	34.25	147.3
총 식이섬유/Fiber (g)	2.33	10.51	1.92	8.27
칼슘/Ca(mg)	21.78	98.03	181.84	781.94
인/P(mg)	134.28	604.26	85.84	369.13
철/Fe(mg)	2.06	9.31	2.38	10.24
나트륨/Na(mg)	366.41	1648.87	333.66	1434.74
칼륨/K(mg)	240.73	1083.29	228.54	982.75
필수아미노산/essential amino acid(mg)	2691.22	12110.51	1283.43	5518.77
수용성비타민/C(mg)	2.96	13.35	8.16	35.08
지용성비타민/Fat solubility Vitamin A/D/E/K(RE/ug/ug/ug)	4.73 /0/0/0	21.32 /0/0/0	66.38 /0/0/0	285.46 /0/0/0

※ 콩고기에 밀웜을 섞어준 이유는 콩고
기에 부족한 지방을 보충시키기 위함이다.
메뚜기를 통으로 사용할 경우 혐오감을
유발시킬수 있기에 파우더 형태로 녹말에
섞어 튀겨 고소함을 더했다.

탕수육 (Sweet and Sour Pork)

바삭한 식감과 새콤달콤한 맛으로 우리의 입맛을 사로잡는 탕수육은 한 국뿐만 아니라 전 세계인이 즐겨먹는 음식이다. 하지만 돼지고기를 사용하여 지방이 많아 자주 섭취하면 살이 찔수 있기에 부담이 되는 음식이다. 그래서 지방은 낮추고 영양소는 올렸다! 육류가 아닌 밀웜과 메뚜기를 사용하여 단백질 양은 늘리고 지방은 감소시켜 남녀노소 누구나 자주 먹을 수 있는 부담 없는 탕수육으로 돌아왔다.

1. 백태를 3시간 정도 불린 후 물에 넣고 1시간 정도 삶고 믹서기로 곱게 갈고 글루텐가루, 땅콩가루, 후추, 소금을 잘 섞은 후 물(150ml)을 넣고 반죽하여 5x1cm 새끼손가락 크기로 만든다.
2. 녹말은 물을 넣고 물 녹말을 만든 후 목이버섯은 불리고 양파, 당근, 양배추, 오이, 목이버섯을 4x1cm로 썰어 놓는다. 생강은 곱게 다진다.
3. 가라앉은 녹말에 물을 제거한 후 메뚜기 파우더를 골고루 섞고 콩고기를 묻혀 가열한 기름에 두 번 튀긴다.
4. 달군 팬에 기름을 살짝 두른 후 생강을 살짝 볶고 양파, 당근, 양배추, 오이, 목이버섯을 센 불에 빠르게 볶아, 간장으로 색을 맞춘 후 식초, 설탕, 물(200ml)을 넣고 끓여 녹말 물을 넣고 걸쭉할 정도로 농도를 맞춘다.
5. 소스가 끓으면 튀긴 탕수육을 넣고 버무려준다.

밀웜파우더 20g
메뚜기파우더 20g
(2인분 기준)

백태(메주콩) 100g
글루텐가루 50g
땅콩가루 10g
양파 30g
당근 20g
양배추 20g
목이버섯 10g
오이 20g
완두콩 5g
녹말 200g
식용유 500g
생강 5g

소스

간장 10ml
식초 70ml
설탕 140g
후추 10g
소금 5g
물

Chef's tip

1. 부드러운 탕수육을 만들고 싶을 때는 달걀 노른자를 전분 물에 조금 넣어 반죽한다.
2. 소스를 만들 때 야채는 센 불에서 볶아야 식감이 살아있다.
3. 소스에 농도를 낼 때 끓는 소스에 녹말물을 저으면서 넣어야 녹말물이 굳어지지 않는다.

재료(Ingredient)	물발자국(Water Foot Print)	재료(Ingredient)	물발자국(Water Foot Print)
백태(Be)	285.42L	오이(Cu)	6.77L
글루텐가루(Gt)	9.35L	녹말(Sta)	24.6L
땅콩가루(Pn)	22.31L	설탕(Su)	249.48L
양파(On)	3.65L	완두콩(GB)	9.89L
당근(Ca)	4.65L	생강(Gi)	2.20L
양배추(Cb)	1.7L	식초(Vi)	1.02L
식용유(Ck)	20.25L	간장(S)	113.41L
목이버섯(Te)	N/A	소금(Sa)	0.14L
돼지고기 200g 물발자국(Pork per 200g WFP)			**1197.6L**
밀웜 파우더 물발자국(Mealworm Powder WFP)			**90.84L**
메뚜기 파우더 물발자국(Cricket Powder WFP)			**74.5L**
탕수육 물발자국 총합계(Sweet and Sour Pork WFP in total)			**931.35L**
밀웜&메뚜기 탕수육 물발자국 총합계(MW&CR Sweet and Sour Pork WFP in total)			**920.18L**

Be=Bean/Gt=Gluten powder/Pn=Peanut/On=Onion/Ca=Carrot/Cb=Cabbage/Ck=Cooking Oil/TE=Tree Ear
Cu=Cucumber/Sta=Starch/Su=Sugar/GB=Green Bean/Gi=Ginger/Vi=Vinegar/S=Soy Sauce/Sa=Salt

영양성분 (Ingredient)	탕수육(Sweet and Sour Pork)		밀웜 메뚜기파우더 탕수육(MW&CR Sweet and Sour Pork)	
기준량/섭취량/quantitative standards/total intake per portion(g)	**100g**	**1055g**(총중량)	**100g**	**895g**(총중량)
칼로리/Calorie(kcal)	534.63	5640.42	513.27	5514.37
단백질/Protein(g)	4.84	51.11	20.7	30.85
지방/Fat(g)	48.62	512.99	41.07	514.27
탄수화물/Carb(g)	17.01	179.46	13.47	168.92
총 식이섬유/Fiber (g)	4.11	43.45	3.62	44.41
칼슘/Ca(mg)	12.31	129.97	91.31	227.49
인/P(mg)	58.31	615.25	41.65	165.25
철/Fe(mg)	0.71	7.5	0.88	6.43
나트륨/Na(mg)	207.68	2191.07	164.56	2199.78
칼륨/K(mg)	92.87	979.8	93.54	577.89
필수아미노산/essential amino acid(mg)	1646.38	17369.34	1176.56	418.15
수용성비타민/C(mg)	0.76	8.05	3.4	12.05
지용성비타민 /Fat solubility Vitamin A/D/E/K(RE/ug/ug/ug)	26.6	280.65	50.57	312.85

※ 샤오마이 피를 반죽할 때 레시피에서 권장한 밀웜과 메뚜
기 파우더의 양을 초과할시 샤오마이 피 반죽이 안 될 수 있으
며 반죽의 탄성이 줄어들기 때문에 주의가 필요하다 .

샤오마이 (Shaomai)

우리나라에 소개된 대만 또는 홍콩식 딤섬 중 가장 대중화된 샤오마이는 흡사 핑거 푸드와도 같아 서양에서 더 인기가 좋은 메뉴이다. 샤오마이 만두피에 메뚜기파우더를 넣어 고소함을 더했고 충전물에 다진밀웜을 사용하여 육류가 함유되지 않았음에도 씹히는 맛과 함께 풍부한 영양소를 섭취할 수 있도록 하였다.

만두속

1. 새우, 생강, 파를 잘게 다지고 새우는 칼 면으로 치고 도마에 넓게 펼쳐 잘게 다진다.
2. 밀웜 파우더를 다진 재료에 넣고 섞는다.
3. 섞은 재료에 소금, 간장, 후추, 참기름으로 간하고 밀가루나 전분를 조금 넣어 끈기가 생기도록 치댄다.

만두피

1. 밀가루와 메뚜기 파우더를 섞는다.
2. 파우더와 섞은 밀가루에 미지근한 물을 조금씩 넣으면서 반죽 한다.
3. 만두피 반죽을 덧가루를 뿌리고 밀방망이로 너무 얇지 않도록 민다.
4. 만두피를 지름 7cm 정도의 둥근 모양으로 만든다.

만두만들기

1. 만두피를 놓고 중앙에 만두속을 1Ts정도 넣는다.
2. 만두 중간을 눌러주면서 옆에 반죽을 위로 올려 만두 속을 감싸 주고 옆면의 남는 부분을 서로 붙인다.
3. 완성된 만두를 김이 올라오는 찜기에 넣고 7분간 쪄낸다.

밀웜20g
메뚜기파우더10g

충전물
생강 5g
파 65g
새우 140g
소금 5g
후추 5g
참기름 5g

만두피
중력분 170g
물 70g

초간장
간장 10g
식초 10g
설탕 10g

Chef's tip

1. 속재료를 넣고 찌기 때문에 만두피는 너무 얇지 않도록 밀어 형태를 유지하게 한다.
2. 완성된 샤오마이는 육즙이 있을때 가장 맛 있다. 그러므로 속재료에 끈기를 주는 밀가루나 전분을 사용할 시 육즙의 맛을 위해 조금만 넣는다.

재료(Ingredient)	물발자국(Water Foot Print)	재료(Ingredient)	물발자국(Water Foot Print)
생강(Gi)	2.2L	중력분(MF)	314.33L
파(Sp)	22.63L	물(Wt)	0.07L
참기름(SO)	2.25L	간장(S)	113.41L
새우(Sh)	N/A	식초(Vi)	0.14L
소금(Sa)	0.14L	설탕(Su)	17.82L
후추(Pe)	34.58L		
밀웜파우더 물발자국(Mealworm powder WFP)			90.84L
메뚜기파우더 물발자국(Grasshopper powder WFP)			17.7L
밀웜&메뚜기 샤오마이 물발자국 총합계(MW&GH Shaomai WFP in total)			616.13L

Gi=Ginger/Sp=Sping onion/Sh=Shrimp/Sa=Salt/Pe=Pepper/
MF=Medium Flour/S=Soy sauce/Vi=Vinegar/Su=Sugar/Wt=Water/SO=Sesame Oil

영양성분 (Ingredient)	샤오마이(Shaomai)		밀웜&메뚜기 샤오마이(MW&GH Shaomai)	
기준량/섭취량/quantitative standards/total intake per portion(g)	100g	395g(총중량)	100g	425g(총중량)
칼로리/Calorie(kcal)	234.45	926.07	292.78	1244.31
단백질/Protein(g)	11.95	47.2	22.34	94.94
지방/Fat(g)	5.84	23.06	12.14	51.59
탄수화물/Carb(g)	39.72	156.89	31.99	135.95
총 식이섬유/Fiber (g)	2.09	8.25	2.34	9.94
칼슘/Ca(mg)	35.55	140.42	71.74	304.89
인/P(mg)	88.36	349.02	67.97	288.87
철/Fe(mg)	2.19	8.65	1.89	8.03
나트륨/Na(mg)	88.8	350.76	94.51	401.66
칼륨/K(mg)	147.37	582.11	128.09	544.38
필수아미노산/essential amino acid(mg)	1462.62	5777.34	1125.57	4783.67
수용성비타민/C(mg)	4.47	17.65	22.34	94.94
지용성비타민/Fat solubility Vitamin A/D/E/K(RE/ug/ug/ug)	73.65/0/0/0	290.91/0/0/0	12.14/0/0/0	51.59/0/0/0

※ 혼합 파우더(메뚜기+꽃무지유충)는 밀가루처럼 물에 녹지 않으므로 반죽 시 겉면에 파우
더의 미세입자들이 박히기 때문에 40g을 넘길 시 반죽이 잘 뭉쳐지지 않으며 면을 뽑는 동
안 면이 끊어질 위험이 있다. 또한 면을 뽑은 후 1~2시간 정도 건조과정을 통해 수분을 증
발시켜 곤충 특유의 향을 없애주고 섭취 시 더욱 맛있게 즐길수 있다.

(반죽과 제면 240~241 참조)

라자냐 (Lasagna)

영국 유학시절 영국인 친구에게 저녁식사를 초대받아 먹었던 첫 식사가 바로 라자냐 였다. 새콤달콤한 맛과 단백한 맛을 좋아하는 한국인의 입맛에 맞게 계량하였으며 곤충파우더는 밀웜 특유의 고소한 맛이 라자냐의 단백한 맛을 내는데 가장 적합하여 사용하였다. 필수 아미노산, 단백질, 불포화지방산을 강화하였다.

1. 약간의 소금을 넣은 끓는 물에 시금치를 살짝 데치고 다진다.
2. 가지를 긴 모양으로 얇게 슬라이스 한다.
3. 두부를 으깨어 다진 시금치와 분쇄 밀웜을 섞고 소금과 후추로 간을 한다.
4. 끓는 물에 1%의 소금을 넣고 라자냐 면을 삶는다. 다 삶아진 면을 올리브오일을 발라 잘 편다.
5. 라자냐 면이 식으면 가지를 위에 올리고 충전물을 가지 위에 펼친다.
6. 토마토 소스를 충전물 위에 바르고 터지지 않도록 잘 말아준다.
7. 라자냐 용기에 라자냐를 올리고 남은 토마토 소스를 라자냐 위에 붓는다.
8. 160℃로 예열해둔 오븐에서 30~40분간 굽는다.
9. 완성된 라자냐 위에 그라나 빠다노 치즈를 뿌려 마무리한다.

메뚜기 파우더 20g(10g)
꽃무지유충 파우더 20g(10g)
밀웜 분쇄 10g

라자냐 2인분 반죽 (1인분)
메뚜기 파우더 20g(10g)
꽃무지유충파우더 20g(10g)
세몰라 250g(125g)
계란(흰자1, 노른자2) 70g
(흰자,노른자1=50g)
오일 5g(2.5g)
소금 5g(2.5g)
물 45g(10g)

1인분 기준 충전물
밀웜 분쇄 10g
가지 15g
두부 150g
시금치 150g
토마토 소스 300g
소금 5g
후추 5g
피자 치즈 100g
그라나 빠다노 10g
올리브 오일 15g

재료(Ingredient)	물발자국(Water Foot Print)	재료(Ingredient)	물발자국(Water Foot Print)
세몰라(Se)	N/A	가지(EP)	5.43L
계란(Eg)	0.24L	두부(Tf)	27.76L
올리브오일(Oi)	252.54L	시금치(SPC)	45.36L
소금(Sa)	0.21L	토마토소스(TS)	N/A
물(Wt)	0.04L	후추(Pe)	34.58L
피자치즈(PCH)	N/A	그라나 빠다노(GP)	N/A
돼지고기 60g 물발자국(Pork per 100g WFP)			359.28L
밀웜 파우더 물발자국(Mealworm Powder WFP)			45.42L
메뚜기 파우더 물발자국(Grasshopper Powder WFP)			14.16L
꽃무지유충 파우더 물발자국(white-spotted flower chafer Larva Powder WFP)			N/A
돼지고기 라자냐 물발자국 총합계(Pork Lasagna WFP in total)			725.46L
밀웜&메뚜기&꽃무지유충 라자냐 물발자국 총합계 (MW&GH&WSFCL Lasagna WFP in total)			425.76L

Se=Semola/Eg=Egg/Oi=Olive oil/Sa=Salt/Wt=Water/PCH=Pizza Cheese
/EP=Egg plant/Tf=Tofu/SPC=Spinach/TS=Tomato Sauce/Pe=Pepper/GP=Grana padano

Chef's tip

1. 두부에서 물이 나오기 때문에 소금을 뿌려 물을 빼고 으깨서 사용한다.
2. 다 삶아진 라자냐에 올리브유를 바를 때 서로 붙지 않을 정도로만 바른다.
3. 충전물을 과하게 넣으면 속이 터지거나 튀어나와 지저분해 질 수 있다.
4. 오븐이 없을 경우 전자 레인지를 사용해도 무관하다.

영양성분 (Ingredient)	라자냐(Lasagna)		밀웜&메뚜기&꽃무지유충 라자냐(MW&GH&WSFCL Lasagna)	
기준량/섭취량/quantitative standards/total intake per portion(g)	100g	1022.5g(총중량)	100g	1047.5g(총중량)
칼로리/Calorie(kcal)	109.6	1186.48	176.32	1847
단백질/Protein(g)	6.44	69.71	16.92	177.24
지방/Fat(g)	2.76	29.92	6.5	68.16
탄수화물/Carb(g)	15.04	162.82	13.36	139.96
총 식이섬유/Fiber (g)	39.65	429.22	32.4	339.39
칼슘/Ca(mg)	62.34	674.87	96.61	1012.08
인/P(mg)	87.31	945.22	69.85	731.72
철/Fe(mg)	61.63	667.16	49.47	518.23
나트륨/Na(mg)	485.99	5260.86	396.05	4148.7
칼륨/K(mg)	320.66	3471.2	268.71	2814.8
필수아미노산/essential amino acid(mg)	1179.45	12767.58	944.83	9897.14
수용성비타민/C(mg)	8.74	94.71	8.27	86.72
지용성비타민 /Fat solubility Vitamin A/D/E/K(RE/ug/ug/ug)	98.93 /0/0/0	1070.96 /0/0/0	93.29 /0/0/0	977.22

※ 메뚜기 파우더는 밀가루처럼 물에 녹지 않으므로 반죽 시 겉면에 파우더의 미세입자들이 박히기 때문에 메뚜기 20g을 넘길 시 반죽이 잘 뭉쳐지지 않으며 면을 뽑는 동안 면이 끊어질 위험이 있다. 또한 면을 뽑은 후 1~2시간 정도 건조과정을 통해 수분을 증발시켜 메뚜기 특유의 향을 없애주고 섭취 시 더욱 맛있게 즐길수 있다.

풍기파스타는 메뚜기면의 특유 갈색이 두드러지기 때문에 로제 소스로 색감을 살렸다. 여기에 단백질 함량을 높이기 위해서 분쇄형태의 밀웜을 사용했다. 밀웜 파우더를 사용할 시 로제소스의 색상이 탁해지고 맛이 텁텁해지기 때문에 분쇄형태의 밀웜을 사용하는 것이 좋다.

(반죽과 제면 240~241 참조)

풍기 로제 파스타 (Funghi Rose Pasta)

이태리에서 버섯으로 유명한 Toscana지방에서 먹었던 파스타가 아직도 기억 속에 선명하다. 버섯의 향과 부드럽고 고소한 토마토소스를 곁들인 Funghi pasta. 메뚜기스파게티 면과 분쇄 밀웜을 넣어 버섯의 향을 잃지 않고 더욱 풍부한 단백질을 섭취할 수 있게 만들어 보았다.

1. 양파와 마늘은 다지고 방울토마토는 반으로 가르고 버섯들은 한입크기로 썬다.
2. 준비된 양파, 샐러리, 당근을 넣고 물을 붓고 약한불에 은근히 끓여(simmering) 야채stock를 준비 한다.
3. 끓는 물에 1% 소금을 넣어 5분간 스파게티를 삶는다.
4. 삶은 스파게티에 약간의 올리브오일을 묻혀 식힌다.
5. 기름을 두르지 않은 팬에 버섯을 넣고 색깔을 낸 뒤 오일을 넣어 코팅하고 마늘과 밀웜, 방울토마토를 넣어 함께 볶는다.
6. 준비된 스파게티면을 넣고 그리고 야채stock(1/2컵정도)을 넣어 가장 쎈 불에서 졸여준다. stock가 어느정도 졸여지면 로제 소스를 넣어 농도를 맞춘다. (토마토 2 : 생크림 1)
7. 소스를 졸이면서 약간의 소금과 후추로 간을 한 뒤 그라나 빠다노 치즈를 갈아 넣어 마지막 간을 맞춰 마무리한다.

로제소스

1. 다진 양파를 볶은 뒤 손으로 으깬 토마토 홀을 넣고 약불에 끓인다.
2. 뭉근히 끓이며 소금간 한다 3. 알맞은 농도로 끓여진 토마토소스에 휘핑크림과 우유를 함께 섞는다.(휘핑3:우유2)

재료(Ingredient)	물발자국(Water Foot Print)	재료(Ingredient)	물발자국(Water Foot Print)
생강(Gi)	2.2L	중력분(MF)	314.33L
파(SP)	22.63L	물(Wt)	0.07L
참기름(SO)	2.25L	간장(S)	113.41L
새우(Sh)	N/A	식초(Vi)	0.14L
소금(Sa)	0.14L	설탕(Su)	17.82L
후추(Pe)	34.58L		
밀웜파우더 물발자국(Mealworm powder WFP)			90.84L
메뚜기파우더 물발자국(Grasshopper powder WFP)			17.7L
밀웜&메뚜기 샤오마이 물발자국 총합계(MW&GH Shaomai WFP in total)			616.13L

Se=Semola/TW=Tomato Whole/FC=Fresh Cream/On=Onion/Sr=Salary/Ca=Carrot/BM=Button Mushroom/Ga=Garlic/KOM=King Oyster Mushroom/OM=Oyster Mushroom/Mi=Milk/Eg=Egg/Sa=Salt//GP=Grana padano/EV=Extra virgin(Olive Oil)

영양성분 (Ingredient)	풍기파스타(Funghi Pasta)		밀웜&메뚜기 풍기파스타(MW&Funghi Pasta)	
기준량/섭취량/quantitative standards/total intake per portion(g)	100g	705g(총중량)	100g	720g(총중량)
칼로리/Calorie(kcal)	132.9	936.94	164.86	1186.99
단백질/Protein(g)	3.28	23.12	12.03	86.61
지방/Fat(g)	3.52	24.81	4.459	32.1
탄수화물/Carb(g)	23.64	166.66	20.56	148.03
총 식이섬유/Fiber (g)	2.96	20.86	2.58	18.57
칼슘/Ca(mg)	27.04	190.63	98.79	711.28
인/P(mg)	96.18	678.06	83.64	602.2
철/Fe(mg)	0.86	6.06	1.1	7.92
나트륨/Na(mg)	122.49	863.55	121.32	873.5
칼륨/K(mg)	261.58	1844.13	252.31	1816.63
필수아미노산/essential amino acid(mg)	168.34	1186.79	146.64	1055.8
수용성비타민/C(mg)	6.66	46.95	5.79	41.68
지용성비타민/Fat solubility Vitamin A/D/E/K(RE/ug/ug/ug)	49.53/0/0/0	349.18/0/0/0	43.07/0/0/0	310.1/0/0/0

메뚜기파우더 20g
밀웜 15g

파스타 반죽
메뚜기 20g
세몰라 125g
물 10g
엑스트라버진 2.5g
소금 2.5g
계란 50g(약1개)

소스
밀웜 15g
마늘 10g
양파 20g
샐러리 30g
당근 20g
새송이버섯 50g
양송이버섯 30g
느타리버섯 30g
토마토 홀 240g
생크림(무가당) 80g
우유 40g
그라나 빠다노(파마산) 5g
엑스트라버진 오일 10g
육수소금
후추

Chef's tip

1. 면이 al dente (약간 덜 익은 상태)로 익었을 때 오버 쿠킹 되지 않도록 오일을 발라 빨리 식혀 준다.
2. 로제 소스를 만들 때 자신의 취향의 맞게 토마토 소스와 크림소스의 비율을 조절할 수 있다.

귀뚜라미 & 혼합곤충
Cricket & Mixed Insects

비비다
인절미 & 찹쌀떡
두부과자
야채튀김
감자피자
나초칩
콘플레이크
쿠키 & 크림 아포가토
파운드케이크
계란과자
호두당근머핀
무슬리바
깔쪼네
까르보나라

Cricket & Mixed Insects

귀뚜라미의 특징&효능

귀뚜라미는 간 보호와 알코올 해독을 돕는 성분이 있어 중 장년 층의 건강 관리에 추천하는 식용곤충이다. 또한 한의학에서는 해열제, 이뇨제, 신경마비와 소변 불통 및 부인난산의 치료식으로 쓰인다.

귀뚜라미 물발자국

1kg당 **3725L**

영양성분(Ingredients)

Nutrient facts(100g)	
열량(kcal)	203.7
수분(Moisture)	5.96
탄수화물(Carbohydrate)	–
지방(Fat)	10.90
단백질(Protein)	26.40
철분(Iron)	0.11

국내산 귀뚜라미(breeded and examed in South Korea)
영양성분출처: 농업과학기술원, 2004

 # 귀뚜라미 Cricket 손질법

1

귀뚜라미는 1~2일 동안 절식시킨 후 채에 넣어 뜨거운 물에 깨끗이 씻는다.

2

깨끗이 씻은 귀뚜라미를 끓는 물에 데친다.

3

−**전문 업장의 경우** 열풍/동결건조기로 건조 후 사용한다. (열풍 건조 시 권장방법:120℃/15분)

−**가정의 경우** 마이크로 웨이브를 사용해 건조, 조리를 동시에 할 수 있다. (1회 조리 시 권장방법: 100g/15분)

※마이크로웨이브에 대한 설명은 밀웜 손질법을 참조할 것.

사진은 귀뚜라미를 살균, 건조, 분쇄, 파우더 형태를 거치는 동안 생긴 중량과 부피차이를 보여준다.

 # 귀뚜라미 Cricket 보관법

1

건조 귀뚜라미

2

건조 귀뚜라미 파우더

건조 귀뚜라미　　　　건조 귀뚜라미 파우더

4

날개와 뒷다리의 돌기를 제거한다.
※뒷다리의 돌기가 섭식 시 목에
걸릴 수 있기 때문에 제거해야 함.

5

열풍/동결건조 또는 마이크로웨이
브로 조리한 귀뚜라미를 기호에 따
라 그대로 사용하거나 믹서기, 분
쇄기를 이용해 파우더화한다.
믹서기는 성능에 따라 입자가 달라
지며, 균일한 초미립자 파우더를
원하면 제분기계를 이용하면 된다.
메뉴에 따라 분쇄, 파우더화하여
적절히 사용하면 된다.
※귀뚜라미/메뚜기의 경우 허브와 함께 혼
합해 파우더화하면 향과 곤충의 고소함을
함께 느낄 수 있다.

6

귀뚜라미 손질 단계별 분류

건조–건조 후 손질–분쇄–분말

※ **장기보관 시**

지퍼락이나 진공포장지와 같은 밀
폐용기에 냉동 보관한다.

※ **단기보관 시**

유리나 플라스틱 밀폐용기에 냉장
보관한다.

※ 고추장 양념을 만들 때 넣는 귀뚜라미 파우더는 양에 따라 양념의 맛이 달라질수 있어 가능한 본 레써피에서 권장하는 20g 이상의 사용은 추천하지 않는다.

118

비비다 (Bibida)

아름다운 색감의 한국음식으로 세계에 많이 알려져 있는 비빔밥은 한국인에게 뿐만 아니라 외국인들에게도 사랑받고 있는 음식중 하나다. 고추장을 기본양념으로 여러 채소, 육류를 쌀밥과 함께 비벼먹는 비빔밥을 이 책에서는 육류대신 귀뚜라미파우더를 첨가해 단백질을 보충했다. 채식을 주로하는 사람들에게 추천하는 음식이며 누구나 부담없이 먹을 수 있는 음식을 만들었다. 오늘 점심으로는 깔끔한 비비다를 먹어보면 어떨까?

1. 애호박, 당근, 오이를 깨끗이 씻어 채 썬다.
2. 고사리와 시금치는 손질하여 끓는 물에 데친 후 물기를 짠다.
3. 두부는 소금을 뿌려 수분기를 제거한 후 주사위 크기로 잘라 전분를 묻혀 겉이 바삭하게 색을 낸다.
4. 표고버섯은 채 썰고 느타리버섯은 한입크기로 뜯어 팬에 볶는다.
5. 애호박, 당근, 오이를 볶아 소금 간 한다.
6. 데친 고사리와 시금치는 마늘을 다져 넣고 소금 간 하여 참기름으로 각각 볶는다.
7. 고추장에 탕과 참기름, 귀뚜라미파우더, 참깨를 넣고 볶는다.
8. 밥위에 준비한 재료들을 올리고 고추장과 계란노른자를 올려 마무리한다.

귀뚜라미 파우더 20g

고사리 20g
애호박 20g
당근 20g
오이 20g
시금치 30g
느타리버섯 10g
표고버섯 10g
두부 20g
계란노른자 20g(1개)
고추장 20g
마늘 5g
참기름 10g
설탕 5g
참깨 5g
쌀밥 210g

Chef's tip

1. 버섯은 기름을 두르지 않은 팬에 색을 낸 뒤 기름을 둘러 기름으로 코팅한다.
2. 고추장을 볶을 때 설탕대신 올리고당이나 꿀로 대체할 수 있다.
3. 끓는 물에 식초 몇 방울을 넣고 시금치를 데치면 색이 선명해지고 비타민C의 손실을 막을 수 있다.

재료(Ingredient)	물발자국(Water Foot Print)	재료(Ingredient)	물발자국(Water Foot Print)
고사리(BRC)	N/A	표고버섯(SM)	29.55L
애호박(Gr)	N/A	두부(Tf)	3.7L
당근(Ca)	4.65L	계란노른자(Yo)	0.24L
오이(Cu)	6.77L	고추장(HP)	1166.25L
시금치(Spc)	9.07L	마늘(Ga)	2.23L
느타리버섯(OM)	11L	참기름(SO)	4.5L
설탕(Su)	8.91L	참깨(SES)	46.85L
쌀밥(Ri)	190.47L		
소고기 30g 물발자국(beef per 30g WFP)			**462.45L**
귀뚜라미 파우더 물발자국 (Cricket Powder WFP)			**74.5L**
소고기 비빔밥 물발자국 총합계(beef bibimbap WEP in total)			**1946.45L**
귀뚜라미 비비다 물발자국 총합계(Cricket bibida WFP in total)			**1558.5L**

BRC=Bracken/Gr=Green Pumpkin/Ca=Carrot/Cu=Cucumber/Spc=Spinach/OM=Oyster Mushroom/
Su=Suger/Ri=Rice/SM=Shiitake Mushroom/
Tf=Tofu/Yo=Yolk/HP=HotPepperPaste/Ga=Garlic/SO=Sesame Oil/SES=Sesame

영양성분 (Ingredient)	소고기 비빔밥(Bibimbap)		귀뚜라미 비비다(Cricket Bibida)	
기준량/섭취량/quantitative standards/total intake per portion(g)	100g	465g(총중량)	100g	455g(총중량)
칼로리/Calorie(kcal)	141.13	656.3	151.91	691.23
단백질/Protein(g)	5.38	25.04	7.93	36.12
지방/Fat(g)	4.27	19.88	5.36	24.42
탄수화물/Carb(g)	20.09	93.45	17.89	81.43
총 식이섬유/Fiber (g)	1.35	6.28	1.2	5.47
칼슘/Ca(mg)	28.8	133.95	25.16	114.5
인/P(mg)	69.47	323.05	51.31	233.49
철/Fe(mg)	1.13	5.29	20.81	94.7
나트륨/Na(mg)	161.46	750.8	141.27	642.81
칼륨/K(mg)	191.21	889.15	147.99	673.36
필수아미노산/essential amino acid(mg)	1199.34	5576.93	1069.67	4866.99
수용성비타민/C(mg)	5.91	27.5	5.26	23.97
지용성비타민/Fat solubility Vitamin A/D/E/K(RE/ug/ug/ug)	66.97/0/0/0	311.45/0/0/0	59.2/0/0/0	269.38/0/0/0

인절미 & 찹쌀떡 (Sweet Rice Cake & Sweet Rice Cake With Red Bean)

"떡 중의 별미는 당연 인절미라, 찰지면서 쫀득한 맛을 으뜸으로 여긴다." 인절미의 가치는 옛 문헌인 주례에서 언급되어있듯이 그 맛이 매우 뛰어나 전 세계 떡 종류 중에 단연 으뜸이라 할수 있다. 웰빙라이프스타일이 주목 받으며 최근 많은 카페에서 인절미와 찹쌀떡 등을 응용한 메뉴들이 인기를 얻고 있다. 인절미와 찹쌀떡은 지방, 나트륨의 함량이 적고 탄수화물이 많아 식사대용이나 간식으로 먹기 좋은 전통 핑거푸드라 할 수 있다. 이러한 인절미와 찹쌀떡에 귀뚜라미 파우더를 혼합하여 부족한 단백질을 보충하였다.

1. 볼에 찹쌀가루와 귀뚜라미 분말을 넣고 스푼으로 물을 준다.
2. 찜기에 물을 올리고 끓기 시작하면 면보 위에 설탕을 뿌리고 재료를 찐다.
3. 30분정도 지나면 찜기에서 꺼내 치댄다.
4. 한입 크기로 잘라 콩고물을 묻혀 낸다.

※찹쌀떡 만드는 법
1. 찹쌀떡 반죽은 인절미와 동일하게 만든다.
2. 준비된 팥 앙금에 귀뚜라미파우더를 넣고 섞어 둥글게 만든다.
3. 앙금을 찹쌀떡반죽 중앙에 넣고 찹쌀떡으로 앙금을 감싸 둥글리기를 한 후 전분을 겉에 묻힌다.

※ 귀뚜라미 파우더의 양이 늘어나면 곤충 고유의 맛으로 떡의 맛을 헤칠 수 있어 적절하지 않다. 때문에 가장 적절한 권장량을 제시했다. 귀뚜라미는 철분을 함유하고 있어 체내에 산소를 공급하고 빈혈을 예방해 성장기 어린이와 임산부에게 건강식으로 좋다.

귀뚜라미 파우더 50g
찹쌀가루 200g
콩고물 50g
소금 2g
설탕 5g
물 150g
팥앙금100g (찹쌀떡용)

Chef's tip

1. 반죽 시 질어지지 않도록 주의하며 물 양을 조절한다
2. 찜기의 면보에 설탕을 뿌리고 그 위에 떡을 올려 찌는 것은 단맛이 나게 하며 윤기를 나게 한다.
3. 떡을 찌다가 충분히 익었는지 확인하려면 젓가락으로 찔러보고 반죽이 묻어나오면 충분히 찐 것이다.
4. 또한 반죽의 찹쌀가루에 쑥을 첨가하면 미네랄이 풍부해 여성에게 좋은 쑥 인절미가 된다.

재료(Ingredient)	물발자국(Water Foot Print)	재료(Ingredient)	물발자국(Water Foot Print)
찹쌀가루(GF)	525.6L	소금(Sa)	0.05L
콩고물(PSB)	N/A	설탕(Su)	8.91L
물(Wt)	0.15L		
귀뚜라미 파우더 물발자국 (Cricket Powder WFP)			**186.25L**
귀뚜라미 인절미&찹쌀떡 물발자국 총합계 (Cricket SRC & SRCRB WFP in total)			**720.96L**

GF=Glutinous rice Flour/PSB=Powdered Soybean/Wt=Water/S=Salt/Su=Sugar

영양성분 (Ingredient)	인절미&찹쌀떡(SRC & SRCRB)		귀뚜라미 인절미&찹쌀떡(Cricket SRC & SRCRB)	
기준량/섭취량/quantitative standards/total intake per portion(g)	100g	257g(총중량)	100g	297g(총중량)
칼로리/Calorie(kcal)	217	557.69	213.2	633.2
단백질/Protein(g)	4.9	12.59	11.04	32.78
지방/Fat(g)	1.7	4.36	4.32	12.83
탄수화물/Carb(g)	44.8	115.13	32	95.04
총 식이섬유/Fiber (g)	0.3	0.77	0.21	0.62
칼슘/Ca(mg)	19	48.83	13.6	40.39
인/P(mg)	50	128.5	35.82	106.38
철/Fe(mg)	1.4	3.59	35.14	104.36
나트륨/Na(mg)	347	891.79	247.91	736.29
칼륨/K(mg)	88	226.16	62.98	187.05
필수아미노산/essential amino acid(mg)	N/A	N/A	2.21	6.56
수용성비타민/C(mg)	N/A	N/A	N/A	N/A
지용성비타민/Fat solubility Vitamin A/D/E/K(RE/ug/ug/ug)	N/A	N/A	N/A	N/A

두부과자 (Tofu Cookies)

우리나라 전통음식인 두부로 만들었으며, 콩의 풍부한 단백질과 곤충의
단백질이 합쳐진 고단백 간식이다. 귀뚜라미 파우더가 콩의 부족한 비타
민, 아미노산등을 보충해 주고 단백질 함량은 보다 증가시켰다. 어린이 간
식으로 거부감 없이 먹을 수 있게 달콤하고 단백하게 만들어 보았으며, 어
른들의 주전부리로도 손색이 없다.

1. 두부를 으깨어 물기를 짠다.
2. 강력분과 귀뚜라미파우더를 체에 쳐서 준비하고, 포도씨유, 설탕, 깨, 꿀, 계란 하나를 풀어 준
   비하고 두부를 넣어 반죽한다.
3. 반죽을 실온에 15분 휴지시킨 뒤, 두께 3mm 정도로 납작하게 밀어 적당한 크기로 자른다.
4. 팬에 버터를 바르고, 우유를 바른다.
5. 오븐을 180~185℃로 예열한 뒤에 10분정도 구워낸다.

※ 두부 과자 반죽에 귀뚜라미 파우더 40g을 초과하면 식감이 퍽퍽해 지며 두부과자의 특유의 향
이 나지 않기 때문에 40g을 지켜야 한다.

재료(Ingredient)	물발자국(Water Foot Print)	재료(Ingredient)	물발자국(Water Foot Print)
두부(Tf)	27.76L	설탕(Su)	106.92L
강력분(SF)	277.35L	계란(Eg)	0.24L
포도씨유(GSO)	N/A	깨(SES)	187.42L
꿀(HO)	N/A	버터(Bu)	5.72L
우유(Mi)	1.03L		
귀뚜라미 파우더 물발자국 Cricket Powder WFP)			**149L**
귀뚜라미 두부과자 물발자국 총합계 Cricket Tofu cookies WEP in total)			**755.45L**

Tf=Tofu/SF=Strong Flour/GSO=Grape seed oil/
Mi=Milk/Bu=Butter/Ho=Honey/Su=Sugar/Eg=Egg/Ses=Sesame

귀뚜라미 파우더 40g

두부 150g
강력분 150g
포도씨유 20g
설탕 60g
계란 50g
깨 20g
꿀 20g
버터 10g
우유 10g

Chef's tip

1. 두부의 물기를 꽉 짜두어야 반죽을 할 때
질어지지 않는다.
2. 고소한 향과 식감을 위해 우유를 꼭 발라
주며 타지않게 굽는다.

영양성분 (Ingredient)	두부과자(Bean Curd Cookies)		귀뚜라미 두부과자(Cricket Tofu Cookies)	
기준량/섭취량/quantitative standards/total intake per portion(g)	100g	490g(총중량)	100g	530g(총중량)
칼로리/Calorie(kcal)	291.81	1429.86	266.63	1413.13
단백질/Protein(g)	8.34	40.86	13.5	71.55
지방/Fat(g)	10.76	52.72	10.8	57.24
탄수화물/Carb(g)	39.79	194.97	28.42	150.62
총 식이섬유/Fiber (g)	2.7	13.23	1.93	10.22
칼슘/Ca(mg)	72.78	356.62	52.02	275.7
인/P(mg)	114.93	563.15	82.2	435.66
철/Fe(mg)	1.66	8.13	35.32	187.19
나트륨/Na(mg)	41.17	201.73	29.46	156.13
칼륨/K(mg)	125.58	615.34	89.82	476.04
필수아미노산/essential amino acid(mg)	1349.49	6612.5	966.14	5120.54
수용성비타민/C(mg)	0.12	0.58	0.08	0.42
지용성비타민 /Fat solubility Vitamin A/D/E/K(RE/ug/ug/ug)	963.51 /0/0/0	4721.19 /0/0/0	688.22 /0/0/0	3647.56 /0/0/0

야채튀김 (Fried Vegetables)

건강에 좋은 야채를 한꺼번에 즐길 수 있는 야채튀김은 남녀노소 불문하고 좋아하는 음식이다. 야채에 부족한 단백질을 귀뚜라미 파우더를 사용함으로서 2배 이상 증가시켰으며 철 성분이 크게 증가하여 뼈와 이를 튼튼하게 만들 수 있는 영양만점 튀김이다.

1. 감자, 당근, 양파, 애호박은 채 썰어 준비 한다.
2. 튀김가루에 물을 조금씩 부어 가며 반죽을 걸쭉한 상태로 만든다.
3. 반죽에 귀뚜라미 파우더를 넣고 채 썬 야채를 넣고 버무린 다음 소금 간을 한다.
4. 170℃의 기름에 반죽을 묻힌 야채들을 적당한 크기로 튀긴다.
5. 튀기는 동안 반죽물 을 손에 묻힌 다음 튀김에 뿌려 튀김 꽃을 만든다.
6. 튀김이 노릇노릇해지면 꺼내서 키친 타올 위에 올린다.

※ 30g 이상의 파우더를 사용할 시에는 반죽 색이 어두워져 식감을 떨어트릴 수 있기 때문에 명시된 파우더량 이상의 사용은 권장하지 않습니다.

귀뚜라미 파우더 30g

감자 60g
당근 40g
양파 40g
애호박 40g
튀김가루 100g
소금

Chef's tip

1. 얼음물을 사용하여 반죽온도를 차갑게 하면 튀김을 더욱 바삭하게 만들 수 있다.
2. 튀김을 뒤집어가며 반죽물을 골고루 뿌려준다.

재료(Ingredient)	물발자국(Water Foot Print)	재료(Ingredient)	물발자국(Water Foot Print)
감자(Po)	11.64L	튀김가루(PFF)	N/A
당근(Ca)	9.30L	애호박(GP)	N/A
양파(On)	4.86L		
귀뚜라미 파우더 물발자국(Cricket Powder WFP)			**111.75L**
귀뚜라미 야채튀김 물발자국 총합계 (Cricket Fried Vegetables WFP in total)			**137.56L**

Po=Potato/Ca=Carrot/On=Onion/PFF=Pan Frying Flour/GP=Green Pumpkin

영양성분 (Ingredient)	야채튀김(Fried Vegetables)		귀뚜라미 야채튀김(Cricket Fried Vegetables)	
기준량/섭취량/quantitative standards/total intake per portion(g)	100g	280g(총중량)	100g	310g(총중량)
칼로리/Calorie(kcal)	144.78	405.38	158.38	490.97
단백질/Protein(g)	3.55	9.94	8.82	27.34
지방/Fat(g)	0.57	1.59	2.96	9.17
탄수화물/Carb(g)	33.63	94.16	25.87	80.19
총 식이섬유/Fiber (g)	2.27	6.35	1.74	5.39
칼슘/Ca(mg)	23.87	66.83	18.39	57
인/P(mg)	116.25	325.5	89.5	277.45
철/Fe(mg)	1.8	5.04	28.96	89.77
나트륨/Na(mg)	355.07	994.19	273.17	846.82
칼륨/K(mg)	271.5	760.2	208.94	647.71
필수아미노산/essential amino acid(mg)	137.33	384.52	107.42	333
수용성비타민/C(mg)	5.28	14.78	4.06	12.58
지용성비타민 /Fat solubility Vitamin A/D/E/K(RE/ug/ug/ug)	N/A	N/A	N/A	N/A

감자피자 (Potato Pizza)

흔히 피자라고 하면 열량이 높고 지방이 많은 육류 토핑이 들어간 음식으로 인식된다. 귀뚜라미 파우더는 이러한 고정관념에서 벗어나 영양소는 풍부하고 지방의 함량은 줄어든 부담 없는 가벼운 피자를 만들 수 있게 해 주었다. 같은 중량(35g) 대비 돼지고기의 지방(포화지방)은 대략 9g 인 반면 귀뚜라미(불포화지방)는 5.5g으로 그 양이나 구성 영양소가 다르다. 귀뚜라미 성체를 사용하지 않고 파우더 형태로 조리함으로써 혐오적인 요소를 사라지게 하여 식감을 최대화 하였다.

1. 감자160g을 얇게 슬라이스 해 끓는 물에 반쯤 익힌다.
2. 휘핑크림에 귀뚜라미 파우더, 잘게 썬 슬라이스 치즈, 마늘 다진것, 파마산치즈, 소금, 계란 노른자2개를 섞은 다음 데친 감자와 섞는다.
3. 피자 팬에 섞은 재료를 깔고 모짜렐라 치즈를 뿌려 180~200℃ 로 예열된 오븐에서 30분정도 굽는다.
4. 감자 40g은 얇게 슬라이스 한 뒤 기름에 튀긴 다음 소금을 뿌린다.
5. 오븐에 넣은 피자치즈에 색이 나면 꺼내 0.3cm의 두께로 자른 슬라이스 치즈를 피자 위에 올린 뒤, 튀긴 감자칩을 올린다.

※ 감자피자에 귀뚜라미파우더를 사용한 이유는 일단 피자라 하면 열량이 높을 뿐만 아니라 지방도 많이 포함되어 있다. 밀웜과 꽃무지는 각각 12.7g과 17g의 지방을 가지고 있는 반면에 귀뚜라미는 5.5g만 가지고 있다. 그리고 귀뚜라미의 형체를 사용하지 않은 이유는 아직 사람들에게 혐오감과 거부감을 일으키기 때문에 그것을 최소화시키기 위해 파우더 형태를 사용하였다.

귀뚜라미파우더 35g

감자 200g
양파 60g
마늘 10g
계란노른자 2ea
파마산치즈 20g
슬라이스치즈 25g
휘핑크림 160ml
소금

Chef's tip

1. 성인남녀 하루 단백질 권장량은 75g이다. 감자피자(1판) 섭취 시 하루권장량의 반 이상을 섭취할 수 있다.
2. 슬라이스 치즈를 자를 때 포장지를 제거하지 않고 자르면 칼에 붙지 않게 자를 수 있다.

재료(Ingredient)	물발자국(Water Foot Print)	재료(Ingredient)	물발자국(Water Foot Print)
감자(Po)	38.8L	파마산치즈(PC)	N/A
양파(On)	7.3L	슬라이스치즈(SLC)	N/A
마늘(Ga)	4.47L	모짜렐라치즈(MC)	N/A
계란노른자(Yo)	N/A		
귀뚜라미 파우더 물발자국(Cricket Powder WFP)			130.37L
귀뚜라미 감자피자 물발자국 총합계 (Cricket Potato Pizza WFP in total)			180.94L

Po=Potato/On=Onion/Ga=Garlic/Yo=Yolk/PC=Parmesan Cheese/SLC=Slice Cheese/MC=Mozzarella Cheese

영양성분 (Ingredient)	감자피자(Potato Pizza)		귀뚜라미 감자피자(Cricket Potato Pizza)	
기준량/섭취량/quantitative standards/total intake per portion(g)	100g	515g(총중량)	100g	550g(총중량)
칼로리/Calorie(kcal)	100.47	517.42	127.23	699.76
단백질/Protein(g)	4.86	25.02	10.44	57.42
지방/Fat(g)	3.68	18.95	5.54	30.47
탄수화물/Carb(g)	12.29	63.29	9.1	50.05
총 식이섬유/Fiber (g)	0.58	2.98	0.43	2.36
칼슘/Ca(mg)	70.5	363.07	52.25	287.37
인/P(mg)	119.2	613.88	88.39	486.14
철/Fe(mg)	2.8	14.42	33.09	181.99
나트륨/Na(mg)	122.4	630.36	90.73	499.01
칼륨/K(mg)	296.83	1528.67	219.99	1209.94
필수아미노산/essential amino acid(mg)	52.28	269.24	38.73	213.01
수용성비타민/C(mg)	4.97	25.59	3.68	20.24
지용성비타민 /Fat solubility Vitamin A/D/E/K(RE/ug/ug/ug)	641.01 /0/0/0	3301.2 /0/0/0	476.83 /0/0/0	2622.56 /0/0/0

나초칩 (Nacho Chip)

아프리카 음식인 짜파티를 만드는 과정 중 우연치 않게 나초의 식감과 맛을 찾아 냈다. 우리가 흔히 알고 있는 나초칩은 타르티야 조각으로 만들어지며, 식사를 하기 전 전체요리, 간식으로 쓰인다. 이 책의 나초 칩은 귀뚜라미가 함유되어 간식으로 먹어도 충분한 영양을 섭취할 수 있다. 곤충의 고소한 향이 첨가 되었으며 다른 소스와도 잘 어울린다.

1. 귀뚜라미 파우더와 박력분을 각각 체에 거른다.
2. 체에 친 귀뚜라미 파우더, 박력분에 오레가노, 소금을 섞다가 물을 나누어 부어 반죽한다.
3. 냉장고에 반죽을 30분정도 휴지시킨다.
4. 휴지시킨 반죽을 밀방망이로 2mm로 민다.
5. 동그란 그릇으로 반죽을 찍어 모양을 만든다.
6. 올리브 오일을 나초의 양쪽 면에 발라준 뒤 180℃로 예열된 오븐에 10분정도 굽는다.
7. 다 구워진 나초를 그릇에 옮겨 담고 나초 치즈를 뿌린다.

※ 나초를 반죽할 때 귀뚜라미 파우더를 40g을 초과하면 반죽이 완벽하게 나오지 않고 맛이 많이 퍽퍽해지기 때문에 40g의 귀뚜라미 파우더를 넣어 줘야한다.

귀뚜라미 파우더 40g
박력분 150g
물 100g
소금 5g
나초치즈 20g
오레가노

Chef's tip

1. 나초를 구울 때 올리브 오일을 발라주면, 타지 않게 구울 수 있으며, 살짝 노릇하게 구워주면 바삭한 식감을 살려 줄 수 있다.

재료(Ingredient)	물발자국(Water Foot Print)	재료(Ingredient)	물발자국(Water Foot Print)
박력분(WF)	277.35L	오레가노(Or)	N/A
물(Wt)	0.1L	소금(Sa)	0.14L
나초치즈(NC)	N/A		
귀뚜라미 파우더 물발자국(Cricket Powder WFP)			**149L**
귀뚜라미 나초칩 물발자국 총합계 (Cricket Nachochip WEP in total)			**426.59L**

WF=Weak Flour/Wt=water/NC=Nacho cheese/Or=oregano/Sa=salt

영양성분 (Ingredient)	나초칩(Nacho Chip)		귀뚜라미 나초칩(Cricket Nacho Chip)	
기준량/섭취량/quantitative standards/total intake per portion(g)	100g	180g(총중량)	100g	220g(총중량)
칼로리/Calorie(kcal)	358.66	645.58	314.38	691.63
단백질/Protein(g)	8.51	15.31	13.62	29.96
지방/Fat(g)	0.89	1.6	3.75	8.25
탄수화물/Carb(g)	75.54	135.97	53.95	118.69
총 식이섬유/Fiber (g)	3.69	6.64	2.63	5.78
칼슘/Ca(mg)	70.78	127.4	50.59	111.29
인/P(mg)	81.32	146.37	58.2	128.04
철/Fe(mg)	2.55	4.59	35.96	79.11
나트륨/Na(mg)	1009.55	1817.19	721.16	1586.55
칼륨/K(mg)	176.78	318.2	126.39	278.05
필수아미노산/essential amino acid(mg)	1939.2	3490.56	1387.36	3052.19
수용성비타민/C(mg)	0.07	0.12	0.05	0.11
지용성비타민 /Fat solubility Vitamin A/D/E/K(RE/ug/ug/ug)	N/A	N/A	N/A	N/A

콘플레이크 (Corn Flake)

제대로 된 식사조차 하지 못하고 하루에도 수십 킬로미터를 걸어 학교를 가야하는 분쟁지역 아이들을 위해 고안하였다. 가장 간편하고 편하게 먹을 수 있는 음식인 콘플레이크의 반죽에 귀뚜라미 파우더를 첨가함으로서 필수 아미노산, 탄수화물, 비타민, 단백질 등이 풍부해져 종합 영양제와 같은 영양소를 함유하게 되었다. 바쁜 현대인들, 아침을 거르는 아이들이 간단한 아침 식사로 먹을 수 있도록 만들었다.

1. 옥수수를 곱게 다진다.
2. 귀뚜라미 파우더 40g , 강력분 100g, 옥수수 가루 100g, 옥수수 전분 50g을 체에 친다.
3. 설탕 60g을 넣고 물엿 100g을 넣고 반죽한다.
4. 반죽을 1mm정도로 얇게 밀어 반죽을 먹기 좋은 크기로 찢는다.
5. 150℃ 정도로 예열한 오븐에 넣어 7~8분정도 굽는다.
6. 완성된 콘플레이크를 우유와 같이 섭취한다.

※ 플레이크를 반죽할 때 곤충 파우더 40g을 초과할 경우 반죽이 잘 뭉쳐지지 않고 맛과 색이 너무 진해지기 때문에 제시된 40g 양을 권장한다.

귀뚜라미파우더 40g

옥수수 100g
강력분 100g
옥수수 가루 100g
옥수수 전분 50g
설탕 60g
물엿 100g
우유 200g

Chef's tip

1. 반죽시 반죽의 농도를 보면서 물엿을 넣는다.
2. 반죽의 두께가 얇을수록 바삭한 식감을 더할 수 있다.

재료(Ingredient)	물발자국(Water Foot Print)	재료(Ingredient)	물발자국(Water Foot Print)
옥수수(Co)	107.18L	설탕(Su)	106.92L
강력분(SF)	184.9L	물엿(SS)	4.96L
옥수수가루(COP)	125.3L	옥수수전분(CS)	83.55L
우유(Mi)	20.64L		
귀뚜라미 파우더 물발자국(Cricket Powder WFP)			149L
귀뚜라미 콘프레이크 물발자국 총합계 (Cricket cornflake WFP in total)			782.45L

Co=Cone/SF=Strong Flour/COP=Corn Powder/Su=Sugar/SS=Starch syrup/CS=Corn starch/Mi=Milk

영양성분 (Ingredient)	콘 플레이크(Corn Flake)		귀뚜라미 콘 플레이크(Cricket Corn Flake)	
기준량/섭취량/quantitative standards/total intake per portion(g)	100g	710g(총중량)	100g	750g(총중량)
칼로리/Calorie(kcal)	240.11	1704.78	229.71	1722.82
단백질/Protein(g)	4.9	34.79	11.04	82.8
지방/Fat(g)	1.91	13.56	4.48	33.6
탄수화물/Carb(g)	51.12	362.95	36.51	273.82
총 식이섬유/Fiber (g)	2.14	15.194	1.52	11.4
칼슘/Ca(mg)	31.35	222.58	22.43	168.22
인/P(mg)	102.52	727.89	73.34	550.05
철/Fe(mg)	0.98	6.95	34.84	261.3
나트륨/Na(mg)	63.4	450.14	45.34	340.05
칼륨/K(mg)	176.22	1251.16	125.99	944.92
필수아미노산/essential amino acid(mg)	291.4	2068.94	210.36	1577.7
수용성비타민/C(mg)	0.84	5.964	0.6	4.5
지용성비타민 /Fat solubility Vitamin A/D/E/K(RE/ug/ug/ug)	786.54 /0/0/0	5584 /0/0/0	561.82 /0/0/0	4213.65 /0/0/0

쿠키&크림 아포가토
(Cookie & Cream Affogato)

바닐라 아이스크림에 귀뚜라미 파우더를 사용하여 고소한 맛의 쿠키엔크림 맛을 만들어내었다. 귀뚜라미는 한방에서 몸속에 열을 내리는데 탁월한 효과가 있다하여 천연 해열제로 쓰이기도 하였으며 불포화 지방산인 올레인산(oleic acid)을 함유하고 있어 상승한 혈압을 낮추는 역할을 하기도 한다. 쿠키엔크림 맛이 나는 약용 아이스크림! 맛이 기대된다.

1. 바닐라아이스크림을 살짝 녹여 크림화 시킨다.
2. 아이스크림 270g에 귀뚜라미파우더 10g을 넣고 섞는다.
3. 섞은 아이스크림을 다시 냉각시켜 얼린다.
4. 아이스크림을 스쿱이나 모양을 낼수있는 스푼으로 떠서 그릇에 담는다.
5. 드리즐을 위에 뿌려주거나 아몬드 토핑을 올린다.
6. 에스프레소샷을 아이스크림 위에 붓는다.

※ 수개월의 개발과정을 거쳐 귀뚜라미 파우더 10g을 사용하였을 때 쿠키엔크림 아이스크림과 유사한 맛이 나오는 것을 확인하였다. 10g 이상 사용은 권장하지 않는다.

귀뚜라미 파우더 10g
바닐라아이스크림 270g
에스프레소 30g
드리즐(초코or딸기) 20g

Chef's tip

1. 아이스크림이 완전히 녹지 않은 상태에서 귀뚜라미파우더를 넣고 섞어야 하며 파우더를 채에 치거나 완전히 가루상태에서 넣어야 맛이 좋다.

재료(Ingredient)	물발자국(Water Foot Print)	재료(Ingredient)	물발자국(Water Foot Print)
바닐라아이스크림 (VII)	N/A	에스프레소(Es)	69.99L
초코드리즐(CD)	N/A		
귀뚜라미 파우더 물발자국(Cricket Powder WFP)			37.25L
귀뚜라미 쿠키&크림 아포가토 물발자국 총합계 (Cricket Cookie&Cream Affogato in WFP total)			107.24L

VII=Vanilla Icecream/Es=Espresso/CD=Choco drizzle

영양성분 (Ingredient)	쿠키엔크림 아포가토(Affogato)		귀뚜라미 쿠키&크림 아포가토(Cricket Affogato)	
기준량/섭취량/quantitative standards/total intake per portion(g)	100g	320g(총중량)	100g	330g(총중량)
칼로리/Calorie(kcal)	302.87	969.18	293.85	969.7
단백질/Protein(g)	3.71	11.87	5.77	19.04
지방/Fat(g)	20.58	65.85	19.7	65.01
탄수화물/Carb(g)	25.92	82.94	23.56	77.74
총 식이섬유/Fiber (g)	1.49	4.76	1.35	4.45
칼슘/Ca(mg)	102.75	328.8	93.42	308.28
인/P(mg)	9.82	31.42	8.96	29.56
철/Fe(mg)	0.12	0.38	10.97	36.2
나트륨/Na(mg)	65.15	208.48	59.24	195.49
칼륨/K(mg)	34.39	110.04	31.3	103.29
필수아미노산/essential amino acid(mg)	N/A	N/A	0.7	2.31
수용성비타민/C(mg)	0.04	0.12	0.03	0.09
지용성비타민 /Fat solubility Vitamin A/D/E/K(RE/ug/ug/ug)	N/A	N/A	N/A	N/A

파운드 케이크 (Pound Cake)

남녀노소 누구나 맛있게 즐길 수 있는 파운드케이크에 귀뚜라미 파우더를 첨가해 새롭게 만들어 보았다. 귀뚜라미 파우더를 첨가하여 부족한 단백질을 보충하였다. 귀뚜라미가 함유하고 있는 필수아미노산인 류신(leucine)과 라이신(lysine)은 항체, 호르몬, 효소 생성을 도우며 근육 손실을 최소화 하므로 성장기 청소년에게 권장한다.

1. 실온에 미리 꺼내두어 부드러워진 버터에 설탕을 넣고 주걱으로 고루 섞는다.
2. 버터와 설탕이 섞이면 달걀 푼 것을 여러 차례에 걸쳐 나누어 넣으며 오래 저어 크림 상태가 되도록 한다.
3. 체에 내린 밀가루와 베이킹파우더를 2에 넣고 잘 섞어 묽은 반죽을 완성한다.
4. 빵틀에 유산지를 깔고 반죽을 양쪽 가장자리는 높고, 가운데는 꺼지도록 U자형으로 담는다.
5. 기호에 맞는 견과류를 위에 뿌린다.
6. 170℃로 예열된 오븐에서 40분간 굽는다.

※ 귀뚜라미는 건조 혹은 파우더형식 사용을 추천한다. 귀뚜라미를 데친 후 쓰지 않는 이유는 생귀뚜라미의 식감이 파운드케이크의 부드러움을 상하게 할 수 있기 때문이다. 귀뚜라미는 높은 단백질과 지방을 함유하고 있으며 불포화 지방산이 함유되어 있어 건강에 좋다.

재료(Ingredient)	물발자국(Water Foot Print)	재료(Ingredient)	물발자국(Water Foot Print)
박력분(WF)	1386.75L	베이킹파우더(BP)	N/A
버터(Bu)	42.9L	달걀(Eg)	0.49L
설탕(Su)	133.65L	녹차가루(GRP)	N/A
귀뚜라미 파우더 물발자국(Cricket Powder WFP)			149L
귀뚜라미 파운드 케이크 물발자국 총합계 (Cricket Pound Cake WFP in total)			1712.79L

WF=Weak Flour/Bu=Butter/Su=Sugar/BP=Baking Powder/Eg=Egg/GRP=Green Tea Powder

귀뚜라미파우더 40g
박력분 750g
버터 75g
설탕 75g
베이킹파우더 2g
달걀 100g
녹차가루 5g

Chef's tip

1. 밀가루는 반드시 박력분을 사용하여야한다. 그렇지 않으면 파운드케이크의 부드러움을 맛볼 수 없고 반죽 또한 잘 풀리지 않는다.
2. 오븐에 들어가기 전 반죽을 오븐 그릇에 담을 때 반죽모양을 잘 잡아줘야 한다.

영양성분 (Ingredient)	파운드케이크(Pound Cake)		귀뚜라미 파운드케이크(Cricket Pound Cake)	
기준량/섭취량/quantitative standards/total intake per portion(g)	100g	1007g(총중량)	100g	1047g(총중량)
칼로리/Calorie(kcal)	383.25	3859.32	331.95	3475.51
단백질/Protein(g)	7.97	80.25	13.24	138.62
지방/Fat(g)	7.77	78.24	8.66	90.67
탄수화물/Carb(g)	67.31	677.81	48.08	503.39
총 식이섬유/Fiber (g)	2.08	20.94	1.49	15.6
칼슘/Ca(mg)	34.93	351.74	24.99	261.64
인/P(mg)	104.01	1047.38	74.4	778.96
철/Fe(mg)	1.30	13.09	35.07	367.18
나트륨/Na(mg)	84.90	854.94	60.7	635.52
칼륨/K(mg)	134.93	1358.745	96.5	1010.355
필수아미노산/essential amino acid(mg)	48.58	489.2006	36.92	386.5524
수용성비타민/C(mg)	0.67	6.7469	0.47	4.9209
지용성비타민 /Fat solubility Vitamin A/D/E/K(RE/ug/ug/ug)	2160.11 /0/0/0	21752.31 /0/0/0	1542.94 /0/0/0	16154.58 /0/0/0

계란 과자 (Egg Cookie)

어릴 적 먹던 달콤하고 부드러운 계란 과자의 향수를 그리워하는 사람이 적지 않을 것이다. 저자역시 70년대 생으로 그 향수를 맛보고자 이 레시피를 개발 했다. 메뚜기가 가진 강장제의 효능과 신경을 안정시켜주는 효능, 귀뚜라미가 가진 올레산의 동맥경화, 심혈관계 예방 효능은 계란과자를 키덜트 간식이라고 부르기에 손색이 없다.

1. 버터에 황설탕, 소금을 충분히 섞어 크림화를 시킨 뒤 계란을 3~4번 나누어 섞어 완전히 크림화를 시켜 바닐라 액을 넣는다.
2. 체 친 박력분, 베이킹파우더, 밀웜, 귀뚜라미 파우더를 넣어 주걱으로 섞어 반죽을 만든다.
3. 지름이 작은 둥근 깍지를 낀 짤주머니에 반죽을 담아 팬에 동그랗게 짠다.
4. 145℃~150℃의 오븐에 약 7~10분간 굽는다.

※ 계란 과자의 향과 맛을 훼손하지 않기 위해선 적절한 파우더 양의 사용이 중요하다. 본 계란과자는 반복적인 개발과정을 통해 귀뚜라미 파우더와 밀웜 파우더 각 20g 씩을 혼합하였을 때 최적의 맛이 나오는 것을 확인하였기에 총량40g 이상의 파우더 사용은 권장하지 않는다.

밀웜 파우더 20g
귀뚜라미 파우더 20g
박력분 40g
황설탕 40g
소금 0.5g
베이킹 파우더 0.5g
계란 50g
버터 40g
바닐라액 2g

Chef's tip

1. 버터와 계란을 섞어 크림화 시킬때 분리가 되지 않도록 주의 한다. 만약 분리가 되었다면 오일을 조금씩 넣어 유화 시켜준다.

재료(Ingredient)	물발자국(Water Foot Print)	재료(Ingredient)	물발자국(Water Foot Print)
박력분(WF)	73.96L	베이킹파우더(BP)	N/A
황설탕(BS)	N/A	버터(Bu)	22.88L
소금(Sa)	0.01L	바닐라액(VE)	N/A
계란(Eg)	0.24L		
귀뚜라미 파우더 물발자국(Cricket Powder WFP)			**74.5L**
밀웜 파우더 물발자국(mealworm powder WEP)			**90.84L**
밀웜&귀뚜라미 계란과자 물발자국 총 합계 (MW&CR Egg Cookie WFP in total)			**262.43L**

WF=Weak Flour/BS=Brown Sugar/Sa=Salt/Eg=Egg/BP=Baking Powder/Bu=Butter/VE=Vanilla Essence

영양성분 (Ingredient)	계란과자(Egg Cookie)		밀웜&귀뚜라미 계란과자(MW&CR Egg Cookie)	
기준량/섭취량/quantitative standards/total intake per portion(g)	100g	181g(총중량)	100g	221g(총중량)
칼로리/Calorie(kcal)	379.03	686.04	377.24	833.7
단백질/Protein(g)	5.81	10.51	15.11	33.39
지방/Fat(g)	21.6	39.09	21.8	48.17
탄수화물/Carb(g)	40.45	73.21	30.22	66.78
총 식이섬유/Fiber (g)	1.14	2.06	1.5	3.31
칼슘/Ca(mg)	46.84	84.78	33.47	73.96
인/P(mg)	111.48	201.77	79.68	176.09
철/Fe(mg)	0.95	1.71	17.75	39.22
나트륨/Na(mg)	316.66	573.15	226.21	499.92
칼륨/K(mg)	87.75	158.82	62.81	138.81
필수아미노산/essential amino acid(mg)	2448.04	4430.95	1750.01	3867.52
수용성비타민/C(mg)	N/A	N/A	N/A	N/A
지용성비타민/Fat solubility Vitamin A/D/E/K(RE/ug/ug/ug)	121.21/0/0/0	219.39/0/0/0	86.58/0/0/0	191.34/0/0/0

호두당근머핀
(Walnut Carrot Muffin)

주로 영국에서는 아침식사나 오후 Tea 타임 때 머핀을 즐겨 먹는데 식사 대용시에는 기름에 볶은 햄이나 베이컨을 넣기도 하며 건포도, 아몬드 등의 견과류를 넣기도 한다. 그만큼 어떠한 재료를 넣더라도 혼합이 잘된다. 호두와 당근은 부드러운 머핀에 바삭한 식감을 주고 밀웜과 귀뚜라미는 풍부한 아미노산과 단백질로 영양적인 부분을 보충했다. 특히 두 곤충에 다량 함유되어 있는 니신(lysine)은 아이들의 성장에 도움이 되는 아미노산으로 아이들의 영양 간식으로 좋다.

1. 볼에 달걀을 거품기로 풀고 설탕을 넣어 설탕이 녹을 때까지 섞는다.
2. 카놀라유를 4~5회로 나누어 넣고 잘 섞는다.
3. 박력분, 소금, 베이킹파우더도 섞어 체에 내려 함께 섞는다.
4. 반죽에 귀뚜라미파우더, 밀웜파우더, 갈은 당근, 굵게 다진 호두, 슈가파우더, 계피가루를 넣고 잘 섞는다.
5. 머핀틀에 머핀컵 유산지를 깔고 반죽을 담아 180℃ 예열한 오븐에 25~30분 정도 굽는다.

※ 호두당근머핀에 혼합파우더를 사용한 이유는 밀웜의 경우 고소한 맛을 내는데는 좋지만 다른 파우더에 비해 지방함량이 다소 높아 귀뚜라미를 이용해 비율을 조정함으로서 보완을 해주었다.

재료(Ingredient)	물발자국(Water Foot Print)	재료(Ingredient)	물발자국(Water Foot Print)
슈가파우더(SPD)	N/D	당근(Ca)	46.54L
호두(Wn)	556.8L	계피가루(CP)	155.26L
박력분(WF)	314.33L	설탕(Su)	89.1L
카놀라유(CNO)	N/A	소금(Sa)	0.08L
달걀(Eg)	0.58L	베이킹파우더(BP)	N/A
밀웜 파우더 물발자국(Mealworm Powder WFP)			90.84L
귀뚜라미 파우더 물발자국(Cricket Powder WFP)			74.5L
밀웜&귀뚜라미 호두당근머핀 물발자국 총 합계(MW&CR Walnut Carrot Muffin WFP in total)			1328.04L

SP=Sugar Powder/Wn=Walnut/WF=Weak Flour/CNO=Canola Oil/Eg=Egg/Ca=Carrot/
CP=Cinnamon Power/Su=Sugar/Sa=Salt/BP=Baking Powder

영양성분 (Ingredient)	호두당근머핀 (Walnut Carrot Muffin)		밀웜&귀뚜라미 호두당근머핀 (MW&CR Walnut Carrot Muffin)	
기준량/섭취량/quantitative standards/total intake per portion(g)	100g	753g(총중량)	100g	793g(총중량)
칼로리/Calorie(kcal)	312.2	2350.86	329.5	2612.93
단백질/Protein(g)	6	45.18	15.2	120.53
지방/Fat(g)	17.6	132.52	18.9	149.87
탄수화물/Carb(g)	35.5	267.31	26.7	211.73
총 식이섬유/Fiber (g)	2.9	21.837	2.8	22.2
칼슘/Ca(mg)	58.4	439.75	41.8	331.47
인/P(mg)	148.4	1117.45	106	840.58
철/Fe(mg)	2.3	17.31	18.7	148.29
나트륨/Na(mg)	190.9	1437.47	136.3	1080.85
칼륨/K(mg)	216	1626.48	154.3	1223.59
필수아미노산/essential amino acid(mg)	742	5587.26	531.4	4214
수용성비타민/C(mg)	2.8	21.08	2	15.86
지용성비타민 /Fat solubility Vitamin A/D/E/K(RE/ug/ug/ug)	0.3 /0/0/0	2.25 /0/0/0	0.2 /0/0/0	1.58 /0/0/0

밀웜파우더 20g
귀뚜라미파우더20g
슈가파우더 60g
당근 200g
호두 60g
계피가루 10g
박력분 170g
설탕 50g
카놀라유 80g
소금 3g
달걀 120g(약2개)
베이킹파우더 3g

Chef's tip

1. 머핀틀이 없다면 머그컵에 오일이나 버터를 발라 사용한다.
2. 머핀 반죽을 틀에 채울 때, 오븐 안에서 반죽이 부풀기 때문에 틀의 80% 정도만 채운다.
3. 카놀라유는 발연점이 높고(250℃) 무색, 무취에 가까워 원재료의 풍미를 잘 살린다.

무슬리 바 (Muesli Bar)

바쁘게 살아가는 현대인의 일상 속 건강을 위해 식이섬유가 풍부하고 탄수화물이
풍부한 자연그대로의 통곡물에 마쉬멜로우를 넣어 쫄깃한 식감을 더했다.
마쉬멜로우의 쫄깃한 맛 때문에 많은 사람들이 좋아하지만 칼로리가 높아서 여
성들이 많이 피하는 경향이 있다. 그러나 밀웜이 함유한 필수아미노산 트레오닌
(threonine)이 지방형성을 억제해주며 장기능을 원활이 해줘 소화율을 높이고 리놀
레산(lioleic acid)이 체내 콜레스테롤을 배출하는 것을 도와준다.

1. 약한 불에 버터를 녹인 뒤 준비된 마쉬멜로우를 녹인다
2. 버터에 녹인 마쉬멜로우에 분쇄한 곤충과 무슬리를 넣고 잘 섞는다.
3. 마쉬멜로우와 섞은 무슬리를 버터를 바른 실리콘페이퍼 위에 놓고 일정한 두께로 밀어 성
   형한다.
4. 냉장고에서 굳혀 바 형태로 분할한다.

※ 무슬리 바에 분쇄형태의 밀웜, 귀뚜라미를 넣어 단백질 함량을 높혔을 뿐만 아니라 바삭하고 고
소한 식감을 살리는데 중점을 두었다.

분쇄 밀웜 15g
분쇄 귀뚜라미 15g
무슬리 200g
마쉬멜로우 100g
버터 30g

Chef's tip

1. 마쉬멜로우와 섞을 때 곤충끼리 뭉치지 않
도록 골고루 섞는다.
2. 너무 딱딱하게 굳었을 경우 마이크로웨이
브를 이용하여 처음의 쫀득한 식감을 살릴
수 있다.
3. 곤충을 분쇄형태로 만들 때 무슬리 입자와
비슷한 크기로 분쇄하여 잘 섞일 수 있도록
한다.

재료(Ingredient)	물발자국(Water Foot Print)	재료(Ingredient)	물발자국(Water Foot Print)
무슬리(Mz)	N/A	버터(Bu)	17.16L
마쉬멜로우(Ms)	N/A		
분쇄 귀뚜라미(Grinded cricket powder WEP)			55.87L
분쇄 밀웜(Grinded Mealworm powder WEP)			48.13L
밀웜&귀뚜라미 무슬리바 물발자국 총합계 (MW&CR Muesli Bar WFP in total)			141.16L

Mz=Muesli/Bu=Butter/Ms=Marshmallow/

영양성분 (Ingredient)	무슬리바 (Muesli Bar)		밀웜&귀뚜라미 곤충 무슬리바 (MW&CR Muesli Bar)	
기준량/섭취량/quantitative standards/total intake per portion(g)	100g	330g(총중량)	100g	360g(총중량)
칼로리/Calorie(kcal)	380.63	1256.07	378.82	1363.75
단백질/Protein(g)	6.1	20.13	13.54	48.74
지방/Fat(g)	11.07	36.53	13.66	49.17
탄수화물/Carb(g)	68.92	227.43	54.09	194.72
총 식이섬유/Fiber (g)	4.45	14.68	3.98	14.32
칼슘/Ca(mg)	38.06	125.59	29.29	105.44
인/P(mg)	114.72	378.57	88.29	317.84
철/Fe(mg)	5.04	16.63	17.67	63.61
나트륨/Na(mg)	277.42	915.48	213.42	768.31
칼륨/K(mg)	268.3	885.39	206.49	743.36
필수아미노산/essential amino acid(mg)	N/A	N/A	1.14	4.1
수용성비타민/C(mg)	0.24	0.792	0.18	0.64
지용성비타민 /Fat solubility Vitamin A/D/E/K(RE/ug/ug/ug)	137.39/0.42 /4.36/1.75	453.38/1.38 /14.38/5.77	105.68/0.32 /3.35/1.35	380.4/1.15 /12.06/4.86

※ 깔쪼네의 속을 채우는 재료에 파우더 형식의 곤충을 사용할 경우 토마토 소스
의 맛이 텁텁해질 수 있다. 분쇄 형태의 밀웜과 귀뚜라미를 사용하면 식감은 더욱
살리고 텁텁한 맛은 깔끔하게 잡아준다. 최소단위1kg 반죽 시 귀뚜라미파우더를 최
대 50g까지 넣을 수 있다. 50g보다 더 들어갈 경우 반죽이 잘 뭉쳐지지 않고 반죽
성형 시 쉽게 찢어진다. 반죽을 할 때 귀뚜라미 파우더를 꼭 체에 걸러 넣어줘야 한
다. 거르지 않을 경우 파우더끼리 뭉쳐 반죽이 잘 되지 않는다. 도우 최소단위 1kg
반죽시 125g씩 분할하면 8개의 도우가 나온다. (125g = 1인분/한판) 분할한 남은 반
죽은 비닐이나 랩에 싸서 냉장보관 하고 오래 보관할 경우 냉동하여 보관한다(냉동
보관시 발효멈춤).

깔조네(Calzone)

밀라노 여행 중 향기로운 냄새에 이끌려 골목으로 들어갔던 적이 있다. 그 곳에서 먹었던 음식이 깔조네였다. 겉모양은 둔탁하지만 속은 토마토 소스와 여러 재료로 채워져 있던 깔조네는 우리나라의 만두와 비슷하지만 새로운 맛이었다. 깔조네 안에 있던 프로슈토햄을 대신해 분쇄 밀웜과 귀뚜라미로 속을 채워 씹히는 식감을 더했고 곤충의 불포화 지방산을 함유시켜 혈액 내 콜레스테롤 수치를 낮추어 육류에 있던 문제점을 개선시켰다.

반죽(최소단위 1kg 기준)
1. 계량한 미지근한 물에 이스트를 녹인 뒤 계량한 설탕, 소금, 우유, 올리브유를 넣고 섞는다.
2. 중력분에 귀뚜라미 파우더를 체 쳐 골고루 섞고 이스트, 설탕, 소금, 우유, 올리브유를 섞은 물을 넣어 반죽기를 이용하거나 손으로 치대어 반죽을 만든다.
3. 완성된 반죽은 봉지에 넣어 실온에서 15분가량 발효 후 125g씩 분할한다.

깔조네
1. 양파와 버섯, 시금치, 곤충을 소금 간 하여 볶는다.
2. 밀방망이로 반죽을 넓게 편다. 넓게 편 반죽위에 준비된 토마토소스를 바른다.
3. 바른 소스위에 모짜렐라 치즈를 깐 뒤 볶은 재료와 시금치를 올린다.
4. 도우를 반달모양으로 포개어 가장자리를 일정한 간격으로 주름을 잡는다.
5. 250℃로 예열된 오븐에 15분정도 굽는다.

귀뚜라미 파우더 8g
분쇄귀뚜라미 15g
분쇄 밀웜 15g

새송이버섯 20g
느타리버섯 20g
양송이버섯 20g
시금치 10g
양파 50g
마늘 10g
생모짜렐라 125g

반죽(최소단위 1kg기준)
중력분 1000g
설탕 20g
소금 20g
물 375g
우유 150g
올리브유 150g
드라이이스트 4g

Chef's tip

1. 토마토홀 대신 토마토 페이스트를 사용해도 무관하다. (단, 페이스트 사용 시 볶아주어야 신맛이 덜하다.)
2. 분쇄 밀웜이 아닌 파우더를 쓸 경우 텁텁한 맛이 강하므로 분쇄형태가 적합하다.
3. 농도가 되직할 경우 스톡을 사용하여 원하는 농도를 맞출수 있다.

재료(Ingredient)	물발자국(Water Foot Print)	재료(Ingredient)	물발자국(Water Foot Print)
새송이버섯(KOM)	31.63L	중력분(MF)	231.12L
느타리버섯(OM)	22.00L	설탕(Su)	4.45L
양송이버섯(BM)	21.51L	소금(Sa)	0.07L
시금치(Spc)	3.02L	물(Wt)	0.04L
생모짜렐라(FM)	N/A	올리브유(Oi)	270.58L
양파(On)	6.08L	우유(Mi)	1.93L
마늘(Ga)	4.47L	드라이이스트(DY)	N/A
돼지고기 100g 물발자국(Pork per 100g WFP)			598.8L
분쇄&파우더 귀뚜라미 물발자국(Grinded&Powder Cricket WFP)			85.67L
분쇄 밀웜 물발자국(Grinded Mealworm WFP)			68.13L
육류 깔조네 물발자국 총 합계(meat calzone WFP in Total)			1195.7L
밀웜&귀뚜라미 깔조네 물발자국 총 합계(MW&CR Calzone WFP in Total)			750.74L

KOM=King Oyster Mushroom/OM=Oyster Mushroom/BM=Button Mushroom/Spc=Spinach/FM=Fresh Mozzarella/O=Onion/G=Garlic/DY=Dry Yeast/MF=Midium Flour/Su=Sugar/S=Salt/Wt=Water/Oi=Olive oil/M=Milk

영양성분 (Ingredient)	깔조네(Calzone)		밀웜&귀뚜라미 깔조네(MW&CR Calzone)	
기준량/섭취량/quantitative standards/total intake per portion(g)	100g	1695g(총중량)	100g	1533g(총중량)
칼로리/Calorie(kcal)	320.95	5440.1	325.42	4988.68
단백질/Protein(g)	9.28	157.29	16.59	254.32
지방/Fat(g)	11.51	195.09	13.82	211.86
탄수화물/Carb(g)	49.06	831.56	36.56	560.46
총 식이섬유/Fiber (g)	34.46	584.09	25.49	390.76
칼슘/Ca(mg)	60.94	1032.93	44.18	677.27
인/P(mg)	130.88	2218.41	94.9	1454.81
철/Fe(mg)	53.58	908.18	58.74	900.48
나트륨/Na(mg)	417.2	7071.54	302.35	4635.02
칼륨/K(mg)	234.38	3972.74	169.97	2605.64
필수아미노산/essential amino acid(mg)	2196.56	37231.69	1593.24	24424.37
수용성비타민/C(mg)	0.96	16.27	0.69	10.57
지용성비타민 /Fat solubility Vitamin A/D/E/K(RE/ug/ug/ug)	8.66 /0/0/0	146.78 /0/0/0	6.27 /0/0/0	96.11 /0/0/0

※ 꽃무지유충 파우더는 밀가루처럼 물에 녹지
않으므로 반죽 시 겉면에 파우더의 미세입자들
이 박히기 때문에 꽃무지유충 20g을 넘길 시 반
죽이 잘 뭉쳐지지 않으며 면을 뽑는 동안 면이
끊어질 위험이 있다. 또한 면을 뽑은 후 1~2시간
정도 건조과정을 통해 수분을 증발시켜 꽃무지
유충 특유의 향을 없애주고 섭취 시 더욱 맛있게
즐길수 있다.

(반죽과 제면 240~241 참조)

까르보나라 (Carbonara)

'석탄'이라는 이탈리아어에서 유래된 까르보나라는 소금에 절인 베이컨과 계란 노른자를 이용하여 만드는 파스타의 한 종류이다. 해외에서 유래된 음식이지만 국내에 유입되면서 한국인의 입맛에 맞게 다양한 조리법을 개발&적용하여 젊은층 뿐만아니라 누구나 즐기는 대중적인 음식으로 인정받고 있다. 이 책에서는 까르보나라의 주재료인 베이컨을 사용하지 않고 대체 단백질원인 귀뚜라미 파우더를 사용한 면과 꽃무지유충을 함유시킨 크림소스를 사용함으로서 기존의 까르보나라와 비교하여 풍부한 단백질과 필수영양소가 함유되어있으며 육류에 함유되어 있지 않은 불포화 지방산으로 건강에도 좋은 파스타를 만들었다.

1. 준비된 양파, 샐러리, 당근을 기름을 두른 냄비에 볶은 후 물을 붓고 약한 불에 은근히 끓여 야채육수를 준비 한다.
2. 끓는 물에 1% 소금을 넣어 1분30초 정도 면을 삶는다.(약간 덜 익을 정도)
3. 삶은 스파게티에 약간의 올리브오일을 묻혀 식힌다.
4. 마늘을 볶은 후 준비해둔 양파, 데친 브로콜리, 양송이를 넣고 센 불에 볶는다.
5. 준비된 스파게티 면을 넣고 그리고 야채육수(1/2컵정도)을 넣어 가장 쎈 불에서 졸인다. 육수가 어느 정도 졸여지면 휘핑크림과 우유를 섞어 만든 크림소스를 넣고 끓여 농도를 맞춘다.
6. 소금과 후추로 간을 하여 완성한다.

재료(Ingredient)	물발자국(Water Foot Print)	재료(Ingredient)	물발자국(Water Foot Print)
세몰라(Se)	N/A	파프리카(Pk)	3.79L
엑스트라버진(EV)	36L	휘핑크림(WC)	N/A
소금(Sa)	0.21L	우유(Mi)	15.48L
계란(Eg)	0.24L	마늘(ga)	2.23L
양파(On)	7.3L	브로콜리(br)	4.27L
샐러리(sr)	N/A	양송이(BM)	21.51L
당근(ca)	4.65L	올리브오일(Oi)	216.46L
후추(pe)	34.58L	물(Wt)	0.007L
베이컨 80g 물발자국(bacon per 80g WFP)			9690.64L
귀뚜라미 파우더 물발자국(cricket powder WFP)			55.87L
꽃무지 유충 파우더 물발자국(white-spotted flower chafer Larva Powder WFP)			N/A
베이컨 까르보나라 물발자국총합계(Bacon Carbonara WFP n total)			10037.47L
꽃무지유충&귀뚜라미 까르보나라 물발자국 총합계(WSFCL&CR Carbonara WFP in total)			402.71L

Wt=Water /Se=Semola/EV=Extra virgin/Sa=Salt/Eg=Egg/On=Onion/Sr=Salary/ Ca=Carrot/Pe=Pepper/ Pk=Paprika/WC=Whipping cream/Mi=Milk/Ga=Garlic/Br=Broccoli/BM=Button Mushroom/Oi=Olive oil

귀뚜라미 파우더 15g
꽃무지유충 파우더 15g

면반죽
귀뚜라미 파우더 15g
세몰라 125g
물 7g
엑스트라버진 2.5g
소금 2.5g
계란 50g(약1개)

소스재료
꽃무지유충파우더 15g
양파 60g
샐러리 10g
당근 20g
파프리카 10g
휘핑크림 300g
우유 150g
마늘 5g
브로콜리 15g
양송이 20g
올리브 오일 15g
소금 5g
굵은 후추 5g

Chef's tip

1. 면이 al den te(약간 덜익은 상태)로 익었을 때 더 이상 오버 쿠킹 되지 않도록 오일을 발라 빨리 식혀 준다.
2. 크림소스는 열에 민감하여 조리시 금방 조려지므로 주의한다.

영양성분 (Ingredient)	까르보나라(Carbonara)		꽃무지유충&귀뚜라미 까르보나라(WSFCL&CR Carbonara)	
기준량/섭취량/quantitative standards/total intake per portion(g)	100g	780g(총중량)	100g	810g(총중량)
칼로리/Calorie(kcal)	224.3	1749.54	235.09	1904.22
단백질/Protein(g)	5.32	41.49	13.07	105.86
지방/Fat(g)	10.38	80.96	9.59	77.67
탄수화물/Carb(g)	28.54	222.61	25.11	203.39
총 식이섬유/Fiber (g)	2.62	20.43	2.8	22.68
칼슘/Ca(mg)	31.3	244.14	45.11	365.39
인/P(mg)	117.7	918.06	79.37	642.89
철/Fe(mg)	0.75	5.85	18.25	147.82
나트륨/Na(mg)	208.13	1623.41	102.91	833.57
칼륨/K(mg)	156.12	1217.73	108.4	878.04
필수아미노산/essential amino acid(mg)	211.22	1647.51	181.33	1468.77
수용성비타민/C(mg)	7.85	61.23	5.29	42.849
지용성비타민 /Fat solubility Vitamin A/D/E/K(RE/ug/ug/ug)	27.9 /0/0/0	217.62 /0/0/0	22.69 /0/0/0	183.78 /0/0/0

꽃무지 유충 & 혼합곤충

White-Spotted Flower Chafer Larva & Mixed Insects

해물파전
호떡
야채빵
콘스프
엔초비 파스타
토마토 가스파초
레몬 마들렌
메가크런치
초코스틱
코니쉬 크림 스콘
키쉬 로렌
시나몬 마블쿠키

White-Spotted Flower Chafer Larva & Mixed Insects

148

꽃무지유충의 효능

꽃무지 유충의 니아신이 독소 해독과 혈액순환개선을 도와 디톡스를 원하는
여성이나 장년층에게 추천한다. 또한 비타민이 풍부해 강장제로도 훌륭하다.
통증 완화와 악성 부스럼 치료에도 효과적이다.

꽃무지유충 물발자국

N/A

영양성분(Ingredients)

Nutrient facts(100g)	
열량(kcal)	422.81
수분(Moisture)	6.66
탄수화물(Carbohydrate)	10.56
지방(Fat)	16.57
식이섬유(Fiber)	5.31
단백질(Protein)	57.86
필수 아미노산(Essential amino acid)	17.68
비필수 아미노산(Non-essential amino acid)	33.97
비타민 B(Vitamin B3(mg))	8.81
비타민 B(Vitamin B5(mg))	4.26

국내산 꽃무지유충(breeded and examed in South Korea)
영양성분 출처: 정미연, 황재삼, 구태원, 윤은영, 2013

꽃무지유충 White-Spotted Flower Chafer Larva 손질법

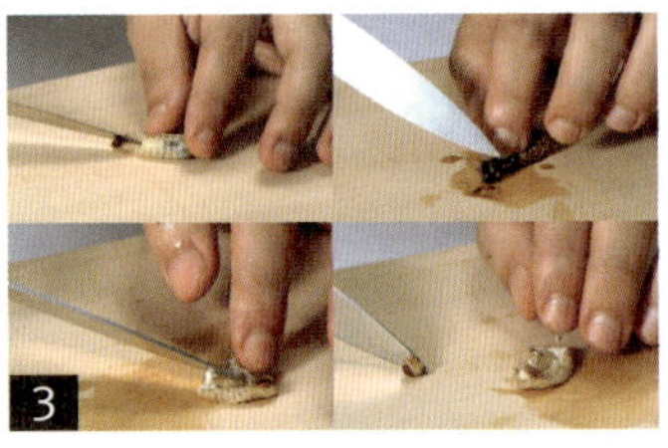

부엽토에서 건져낸 꽃무지 유충을 1~2일 동안 접시위에 놓고 분무기를 이용해 물을 뿌리고 절식시킨다.

※ 절식 및 분무기 사용 이유 - 분무기를 이용한 수분 분무는 꽃무지애벌레의 배변을 활성화시키며 이는 조리 전 애벌레의 내장을 깨끗하게 만들어 조리 시 맛을 잡는데 용이하다.

절식시킨 꽃무지 유충을 채에 넣어 깨끗이 씻은 후 끓는 물에 데친다.

칼로 배쪽의 중간을 갈라 내장과 머리를 제거하고 가볍게 헹군다.

꽃무지 유충의 경우 몸의 대부분이 단백질, 지방으로 구성되어 있으므로 내장 제거 시 나머지 부분이 상하지 않도록 주의하고, 물에 살짝 헹군다.

완전히 절식시킨 꽃무지 유충은 내장을 반드시 제거하지 않아도 된다. 이 경우 기호에 따라 배를 가르고 물로 헹군 후 조리해도 무관하다.

꽃무지유충 White-Spotted Flower Chafer Larva 보관법

건조 꽃무지 유충

건조 꽃무지 유충 파우더

건조 꽃무지 유충

건조 꽃무지 유충 파우더

4

–전문 업장의 경우 열풍/동결건조기로 건조 후 사용한다. (열풍 건조 시 권장방법:100°C/10분)

–가정의 경우 마이크로 웨이브를 사용해 건조, 조리를 동시에 할 수 있다. (1회 조리 시 권장방법: 100g/10분)

※마이크로웨이브에 대한 설명은 밀웜 손질법을 참조할 것.

5

열풍/동결건조 또는 마이크로웨이브로 조리한 꽃무지 유충을 기호에 따라 그대로 사용하거나 믹서기, 분쇄기를 이용해 파우더화한다.
믹서기는 성능에 따라 입자가 달라지며, 제분기계를 이용해 균일한 초미립자 파우더를 만들 수 있다.
메뉴에 따라 분쇄, 파우더화하여 적절히 사용하면 된다.

6

꽃무지 손질 단계별 분류

건조–건조 후 손질–분쇄–분말

※ **장기보관 시**

지퍼락이나 진공포장지와 같은 밀폐용기에 냉동 보관한다.
해동 후 냉장보관하고 2주 이내 섭취하는 것을 권장한다.

※ **단기보관 시**

유리나 플라스틱 밀폐용기에 냉장 보관한다.
2주 이내 섭취하는 것을 권장한다.

해물파전 (Seafood and Green Onion Pancake)

서양에 Seafood Pizza 가 있다면 한국에는 해물파전이 있다! 아미노산과 비타민이 풍부한 해물파전에 꽃무지유충을 혼합 사용하여 단백질함량 및 식이섬유 함유량을 높였다. 콜라겐 생성 및 연골형성을 돕는다고 알려진 프롤린(Proline)함유량이 100g당 5.5g이 함유된 것으로 알려진 꽃무지 유충 파우더를 사용한 먹을수록 젊어지는 해물파전.

1. 꽃무지 유충은 손질하여 잘게 다진 후 다진 마늘과 함께 볶는다.
2. 조갯살과 홍합, 칵테일 새우는 먹기 좋게 썰고. 홍고추는 어슷썰기 한다.
3. 부침가루에 물을 푼 뒤 조갯살, 홍합, 칵테일 새우, 볶은 꽃무지 유충, 계란, 소금을 넣고 섞는다.
4. 팬에 기름을 두른 뒤 반죽을 부치고 위에 파와 해물을 올려서 뒤집어 다시 한번 살짝 구워 낸다.

※ 비교적 지방이 많지 않고 단백질 함량이 높은 꽃무지유충을 사용함으로써 기존의 파전보다 영양균형이 좋다. 또한 꽃무지 유충을 마늘과 함께 볶아 꽃무지유충의 특유의 향을 없애주었다.

꽃무지유충 50g

부침가루 50g
달걀 30g(흰자)
조갯살 30g
홍합 10g
칵테일새우 10g
홍고추5g
실파 20g
마늘 10g
소금 4g

Chef's tip

1. 계란 노른자대신 흰자를 쓰면 더욱 바삭한 식감을 가진 파전을 만들 수 있다.
2. 반죽이 익기 전에 파를 올려서 뒤집어야 파가 떨어지지 않는다.

재료(Ingredient)	물발자국(Water Foot Print)	재료(Ingredient)	물발자국(Water Foot Print)
부침가루(PF)	N/A	칵테일새우(CS)	N/A
달걀(Eg)	0.14L	홍고추(RP)	N/A
조갯살(Cm)	N/A	실파(SG)	6.96L
홍합(Mu)	N/A	마늘(Ga)	4.47L
소금(Sa)	0.11L		
꽃무지유충 파우더 물발자국 (white-spotted flower chafer Larva powder WFP)		**N/A**	
꽃무지유충 해물파전 물발자국 총 합계 (WSFCL SGOP WFP in total)		**11.69L**	

PF=Pan Frying powder/Eg=Egg/Cm=Calm/Mu=Mussel/Sa=Salt/CS=Cocktail Shrimp/RP=Red Pepper/
SG=Small Green Onion/Ga=Garlic

영양성분 (Ingredient)	해물파전 (Seafood&Green Onion Pancake)		꽃무지 해물파전 (WSFCL Seafood&Green Onion Pancake)	
기준량/섭취량/quantitative standards/total intake per portion(g)	100g	169g(총중량)	100g	172.4g(총중량)
칼로리/Calorie(kcal)	172.93	292.25	181.14	312.28
단백질/Protein(g)	12.58	21.26	14.06	24.23
지방/Fat(g)	2.84	4.79	3.29	5.67
탄수화물/Carb(g)	24.59	41.55	24.12	41.58
총 식이섬유/Fiber (g)	0.48	0.81	0.64	1.1
칼슘/Ca(mg)	57.46	97.1	61.3	105.68
인/P(mg)	90.59	153.09	87.61	151.03
철/Fe(mg)	2.68	4.52	2.59	4.46
나트륨/Na(mg)	788.6	1332.73	762.67	1314.84
칼륨/K(mg)	91.01	153.8	88.02	151.74
필수아미노산/essential amino acid(mg)	2019.55	3413.04	1953.73	3368.23
수용성비타민/C(mg)	6.68	11.28	6.46	11.13
지용성비타민/Fat solubility Vitamin A/D/E/K(RE/ug/ug/ug)	46.97/0/0/0	79.37/0/0/0	45.42/0/0/0	78.3/0/0/0

※ ※꽃무지 유충 파우더를 사용한 이유
는 호떡에 단백질이 부족하고 호떡 속에
사용하는 계핏가루와 꽃무지 유충 파우더
의 맛과 잘 어우러지기 때문이다.

호떡 (Sweet Pancakes with Brown Sugar Syrup Filling)

한국의 대표적인 겨울철 간식 호떡을 단백질 함량이 높은 꽃무지 유충과 '타임지 (time)'가 선정한 10대 건강식품 중 하나인 견과류를 첨가하여 맛과 영양을 모두 갖춘 균형적인 메뉴로 만들어 보았다.

1. 밀가루와 소금, 설탕을 넣고 체에 친 후, 우유에 달걀 푼 것을 넣고 반죽한다.
2. 따뜻한 물에 이스트를 넣어 녹인다.
3. 1의 반죽에 따뜻한 물에 녹인 이스트를 넣고 손으로 반죽한 후 랩을 씌워 30분간 발효시킨다.
4. 꽃무지 유충 파우더 ,흑설탕, 계핏가루, 다진 견과류를 넣고 속을 준비한다.
5. 반죽에 호떡 속을 넣고 호떡 속이 나오지 않도록 꼼꼼히 봉합 한 후 식용유를 넉넉히 두른 팬에 봉합 부분이 아래로 가도록 놓는다.
6. 약불에 서서히 구우면서 봉합 부분이 노릇노릇해지면 뒤집어서 식용유를 바른 호떡누르개나, 밑면이 넓적한 그릇을 이용하여 눌러준 후 앞뒤로 구워 완성한다

꽃무지유충 파우더 30g

중력분 60g
달걀 30g
우유 20ml
설탕 2g
이스트 2g
소금 2g
흑설탕 30g
계핏가루 5g
견과류(땅콩,아몬드) 10g

Chef's tip

1. 이스트를 뜨거운 물에 녹이면 사멸되어 많이 부풀지 않으므로 꼭 따뜻한 물에 녹여야 한다.
2. 호떡을 구울 때 식용유가 넉넉해야 노릇노릇하게 구울 수 있다.

재료(Ingredient)	물발자국(Water Foot Print)	재료(Ingredient)	물발자국(Water Foot Print)
중력분(MF)	110.94L	아몬드(A)	160.95L
달걀(Eg)	0.14L	소금(Sa)	0.05L
우유(Mi)	2.06L	흑설탕(RS)	N/A
설탕(Su)	3.56L	계피가루(Ci)	77.63L
이스트(Y)	N/A	땅콩(Nu)	22.31L
꽃무지 유충 파우더 (white-spotted flower chafer Larva powder WFP)	N/A		
꽃무지유충 호떡 물발자국 총합계 (WSFCL Sweet Pancake WFP in total WFP)	377.66L		

MF=Medium Flour/Eg=Egg/Mi=Milk/Su=Sugar/Y=Yeast/A=Almond/Sa=Salt/RS=Raw Sugar/Ci=Cinnamon/Nu=Nut

영양성분 (Ingredient)	호떡(Sweet Pancake)		꽃무지 유충 호떡(WSFCL Sweet Pancake)	
기준량/섭취량/quantitative standards/total intake per portion(g)	100g	169g(총중량)	100g	199g(총중량)
칼로리/Calorie(kcal)	296.84	501.65	325.91	648.56
단백질/Protein(g)	9.55	16.13	20.69	41.17
지방/Fat(g)	8.11	13.7	10.06	20.01
탄수화물/Carb(g)	49.65	83.9	40.62	80.83
총 식이섬유/Fiber (g)	1.94	3.27	2.71	5.39
칼슘/Ca(mg)	72.99	123.35	96.44	191.91
인/P(mg)	169.06	285.71	130.04	258.77
철/Fe(mg)	3.98	6.72	3.06	6.08
나트륨/Na(mg)	432.36	730.68	332.58	661.83
칼륨/K(mg)	262.62	443.82	202.02	402.01
필수아미노산/essential amino acid(mg)	2367.59	4001.22	1825.3	3632.34
수용성비타민/C(mg)	1.62	2.73	1.25	2.48
지용성비타민 /Fat solubility Vitamin A/D/E/K(RE/ug/ug/ug)	21.96 /0/0/0	37.11 /0/0/0	16.89 /0/0/0	33.611 /0/0/0

※ 풍부한 단백질, 불포화 지방산에 칼슘 함량을 3배 가까이 증가시켰으며 수
용성 비타민 또한 풍부하다. 180도 오븐에 20분간 구워도 괜찮지만 기름에 튀
겼을때 더 감칠맛이 난다. 2인이 함께 아침 또는 점심 식사로 부족함이 없다.

야채빵 (Vegetables Bread)

오래 전, 동네 빵집부터 현재 대형 빵집에 이르기까지 남녀노소 불문하고 좋아하는 야채빵은 겉으로 보이는 화려함은 없지만 내용물은 어떤 빵보다도 알차고 실속있다. 각종 야채로 비타민과 식이섬유를 섭취할 수 있으며 기름에 튀긴 야채빵속에 꽃무지 유충이 가진 아미노산 중 두뇌의 연료 역할을 해주는 glutamic acid가 함유되어 수험생 및 아이들의 간식으로 어울리는 음식이다.

1. 밀가루는 체 치고 설탕, 소금을 섞은 뒤 드라이이스트를 넣는다. 물을 조금씩 넣으면서 빵 반죽을 쳐서 1시간정도 실온에서 1차 발효 시킨다.
2. 야채를 모두 적당한 크기로 다지고, 오일을 두른 팬에 야채와 꽃무지 유충 파우더를 함께 볶은 후 소금, 후추로 간을 한다.
3. 볶은 야채와 꽃무지 유충 파우더를 볼에 담고 삶은 감자와 달걀을 으깨어 섞는다.
4. 1차 발효가 끝난 반죽을 60g으로 등분하여 모양을 잡아 젖은 면보를 덮어 20분간 휴지시킨다.
5. 휴지가 끝난 반죽에 야채소를 넣은 다음 반죽에 물을 묻히고 빵가루를 입힌다.
6. 실온이나 발효실에서 40~50분 2차 발효시킨다.
7. 160℃로 예열된 기름에 빵가루가 타지 않게 고로케를 튀긴다.

꽃무지 파우더 50g
8개기준
양파 120g
당근 60g
삶은 감자 240g
삶은 계란 180g
옥수수통조림 60g
피망 60g
애호박 60g
소금 20g
후추 5g
강력분 350g
설탕 10g
소금 5g
드라이이스트 2g
물200ml
식용유 6g

Chef's tip

1. 인스턴트 드라이이스트를 이용할 시 물이나 우유에 타서 쓰는 번거로움이 없이 사용 가능하다.
2. 마른 빵가루 사용시 유유나 물을 조금 넣어 섞으면 튀길 때 빵가루가 덜 탄다.
3. 1차발효시 반죽을 두배 정도로 부풀린다.

재료(Ingredient)	물발자국(Water Foot Print)	재료(Ingredient)	물발자국(Water Foot Print)
양파(On)	14.60L	당근(Ca)	13.96L
감자(Po)	46.56L	계란(Eg)	0.88L
옥수수캔(Co)	64.30L	피망(Pi)	22.74L
애호박(GR)	N/A	소금(Sa)	0.14L
후추(Pe)	34.58L	강력분(SF)	647.15L
설탕(Su)	17.82L	드라이이스트(DY)	N/A
물(Wt)	0.2L	식용유(CK)	0.24L
꽃무지유충 파우더 물발자국 (white-spotted flower chafer Larva powder WFP)		N/A	
꽃무지유충 야채빵 가상수 총 물발자국 (WSFCL Vegatables Bread WFP in total)		863.01L	

On=Onion/Po=Potato/Co=Corn/Gr=Green pumpkin/Pe=Pepper/Su=Sugar/Wt=Water/Ca=Carrot/Eg=Egg/
Pi=Piment / Sa=Salt/SF=Strong Flour/DY=Dry yeast/Ck=Cooking oil

영양성분 (Ingredient)	야채빵(Vegetable Bread)		꽃무지유충 야채빵(WSFCL Vegetables Bread)	
기준량/섭취량/quantitative standards/total intake per portion(g)	100g	1170g(총중량)	100g	1220g(총중량)
칼로리/Calorie(kcal)	156.8	1834.56	245.4	2993.88
단백질/Protein(g)	6.8	79.56	23.8	290.36
지방/Fat(g)	2.4	28.08	7.1	86.62
탄수화물/Carb(g)	28.7	335.79	22.6	275.72
총 식이섬유/Fiber (g)	4.5	52.65	4.7	57.34
칼슘/Ca(mg)	22.7	265.59	73.3	894.26
인/P(mg)	106.5	1246.05	71	866.2
철/Fe(mg)	1.5	17.55	1	12.2
나트륨/Na(mg)	595.3	6965.01	396.8	4840.96
칼륨/K(mg)	258.2	3020.94	172.1	2099.62
필수아미노산/essential amino acid(mg)	1019.1	11923.47	685.2	8359.44
수용성비타민/C(mg)	10	117	11	134.2
지용성비타민 /Fat solubility Vitamin A/D/E/K(RE/ug/ug/ug)	N/A	N/A	N/A	N/A

콘 스프 (Corn Soup)

꽃무지는 단백질 함유량이 100g당 57.8g으로 본 메뉴개발에서 사용된 곤충 중 두 번째로 높은 함유량을 가지고 있다. 다른 네 가지 곤충과 달리 색이 연한 꽃무지 파우더를 사용함으로써 스프의 색이 너무 어둡게 변하여 식감이 떨어지지 않도록 주의하였다.

혈액 내 콜레스테롤 수치를 낮추며 항암효과 또한 뛰어나 나이가 드신 분들이나 치료중인 분들에게 치료식으로 적합한 음식이다.

1. 옥수수콘, 양파, 마늘를 곱게 다진다.
2. 팬에 버터로 마늘과 양파를 먼저 볶은 다음 꽃무지 파우더와 옥수수콘을 넣어 함께 볶는다 .
3. 다른 팬에 버터와 밀가루를 1:1비율로 넣어 루를 만든다.
4. 루에 볶은 재료를 넣고 우유를 붓고 끓여 농도를 맞춘다.
5. 스프가 한번 끓으면 소금, 후추로 간을 한 다음 접시에 담는다.

※ 꽃무지는 단백질 함유량이 100g당 57.8g으로 본 서적에서 사용된 곤충 중 가장 높은 함유량을 가지고 있다. 귀뚜라미와 밀웜 파우더를 혼합하여 사용하게 되면 스프의 색이 너무 어둡게 변해 맛이 없게 보일 수도 있기 때문에 꽃무지 파우더를 사용하였다.

꽃무지파우더 7g
옥수수콘 120g
양파 20g
마늘 5g
우유 150g
중력분 20g
버터 20g
소금
후추

Chef's tip

1. 꽃무지 파우더의 냄새를 잡기 위해서는 마늘과 같이 볶으면 꽃무지 특유의 향이 사라지고 더 고소해진다.

재료(Ingredient)	물발자국(Water Foot Print)	재료(Ingredient)	물발자국(Water Foot Print)
옥수수콘(Co)	128.61L	중력분(MF)	36.98L
양파(On)	2.43L	버터(Bu)	11.44L
마늘(Ga)	2.23L	우유(Mi)	15.48L
꽃무지유충 파우더 물발자국 (white-spotted flower chafer Larva Powder WFP)		N/A	
꽃무지유충 콘스프 물발자국 총합계 (WSFCL Corn Soup WFP in total)		197.18L	

Co=Corn/On=Onion/Ga=Garlic/MF=Medium Flour/Bu=Butter/Mi=Milk

영양성분 (Ingredient)	콘스프(Corn Soup)		꽃무지유충 콘스프(WSFCL Corn Soup)	
기준량/섭취량/quantitative standards/total intake per portion(g)	100g	335g(총중량)	100g	342g(총중량)
칼로리/Calorie(kcal)	141.4	473.69	159.8	546.51
단백질/Protein(g)	3.41	11.42	6.98	23.87
지방/Fat(g)	6.98	23.38	7.6	25.99
탄수화물/Carb(g)	17.54	58.75	17.07	58.37
총 식이섬유/Fiber (g)	1.27	4.25	1.53	5.23
칼슘/Ca(mg)	46.35	155.27	54.74	187.21
인/P(mg)	75.29	252.22	70.37	240.66
철/Fe(mg)	0.63	2.11	0.59	2.01
나트륨/Na(mg)	180.26	603.87	168.47	576.16
칼륨/K(mg)	195.11	653.61	182.35	623.63
필수아미노산/essential amino acid(mg)	666.78	2233.71	623.16	2131.2
수용성비타민/C(mg)	3.34	11.18	3.12	10.67
지용성비타민 /Fat solubility Vitamin A/D/E/K(RE/ug/ug/ug)	55.05 /0/0/0	184.41 /0/0/0	52.6 /0/0/0	179.89 /0/0/0

※ 꽃무지유충 파우더는 밀가루처럼 물에 녹지 않으므로 반죽 시
겉면에 파우더의 미세입자들이 박히기 때문에 꽃무지유충 20g을
넘길 시 반죽이 잘 뭉쳐지지 않으며 면을 뽑는 동안 면이 끊어질
위험이 있다. 또한 면을 뽑은 후 1~2시간 정도 건조과정을 통해
수분을 증발시켜 꽃무지유충 특유의 향을 없애주고 섭취 시 더욱
맛있게 즐길수 있다.
흰꽃무지 유충 분말에는 체내 생성이 불가능하여 반드시 음식으
로 섭취해야 하는 8대 아미노산이 다량 함유되어 있으며 알레르
기 증상 완화, 유아기 혈액생성을 돕는 히스티딘(Histidine)이 다량
함유되어 있어 성장기 어린이에게 특히 권장한다.

(반죽과 제면 240~241 참조)

엔초비 파스타
(Anchovy Olio e Aglio)

마약 파스타라고 까지 불리울 만큼 그 독특한 맛으로 미슐랭 미식가들의 사랑을 한몸에 받는 엔초비 파스타에 8대 필수아미노산 과 비필수아미노산을 모두 함유한 흰점박이 꽃무지유충을 첨가해 단백질을 보충하였다. 기존 파스타에 비해 단백질함량을 세배이상 높이고 비타민함량을 늘려 영양적인 측면 까지 고려하였다.

1. 마늘을 모양을 살려 반으로 가르고, 페페론치노는 손으로 부숴 준비한다
2. 준비된 양파, 샐러리, 당근을 넣고 물을 붓고 약한 불에 은근히 끓여(Simmering) 야채육수(Stock)를 준비한다.
3. 끓는 물에 1% 소금을 넣어 1분30초간 스파게티를 삶는다.
4. 삶은 스파게티에 약간의 올리브오일을 묻혀 식힌다.
5. 팬에 올리브오일을 두르고 마늘을 약한 불에서 노릇하게 색을 낸다.
6. 페페론치노를 넣고 매운 향이 나도록 살짝 볶은 뒤 엔초비를 넣고 볶는다.
7. 삶은 면을 넣고 그리고 야채육수(1/2컵정도)를 넣어 가장 센 불에서 졸여주면서 약간의 소금과 후추로 간을 한다
8. 야채육수가 어느 정도 졸여지면 약간의 후추로 간을 한 뒤 테이블 스푼으로 올리브오일을 5스푼(5T)넣고 남아있는 육수와 섞일수 있도록 재빨리 비벼 걸죽하게 만든다.
9. 그릇에 완성된 요리를 담은 뒤 취향에 따라 파마산 치즈를 뿌려서 마무리한다.

재료(Ingredient)	물발자국(Water Foot Print)	재료(Ingredient)	물발자국(Water Foot Print)
마늘(Ga)	8.94L	엑스트라버진(EV)	469L
엔초비(An)	N/A	그라나 빠다노(GP)	N/A
양파(On)	6.08L	물(Wt)	0.01L
샐러리(Sr)	N/A	소금(Sa)	0.21L
당근(Ca)	4.65L	후추(Pe)	34.58L
계란(Eg)	0.24L	세몰라(Se)	N/A
물(Wt)	0.2L	식용유(CK)	0.24L
꽃무지유충 파우더 물발자국 (white-spotted flower chafer Larva powder WFP)	N/A		
꽃무지유충 엔초비 파스타 물발자국 총 합계 (WSFCL Anchovy Pasta WFP in total)	523.82L		

Se=Semola/Eg=Egg/Wt=Water/Ga=Garlic/An=Anchovy/On=Onion/
Sr=Salary/Ca=carrot/GP=Grana padano/EV=Extra Virgin(olive oil)/St=Stock/Sa=Salt/Pe=Pepper

영양성분 (Ingredient)	엔초비 파스타 (Anchovy Pasta)		꽃무지 엔초비 파스타 (WSFCL Anchovy Pasta)	
기준량/섭취량/quantitative standards/total intake per portion(g)	100g	260g(총중량)	100g	275g(총중량)
칼로리/Calorie(kcal)	227.88	592.48	260.37	716.01
단백질/Protein(g)	5.96	15.49	14.61	40.17
지방/Fat(g)	1.62	4.21	4.11	11.3
탄수화물/Carb(g)	48.8	126.88	42.42	116.65
총 식이섬유/Fiber (g)	6.82	17.73	6.57	18.06
칼슘/Ca(mg)	25.11	65.28	50.02	137.55
인/P(mg)	172.46	448.39	143.71	395.2
철/Fe(mg)	1.74	4.52	1.45	3.98
나트륨/Na(mg)	153.57	399.28	127.98	351.94
칼륨/K(mg)	293.53	763.17	244.61	672.67
필수아미노산/essential amino acid(mg)	41.06	106.75	37.16	102.19
수용성비타민/C(mg)	7.65	19.89	8.55	23.51
지용성비타민/Fat solubility Vitamin A/D/E/K(RE/ug/ug/ug)	986.25/0/0/0	2564.25/0/0/0	821.88/0/0/0	2260.17/0/0/0

꽃무지유충 20g

파스타 반죽
꽃무지유충 20g
세몰라 125g
물 10g
엑스트라버진 2.5g
소금 2.5g
계란 50g(약1개)

소스재료
마늘 20g
엔초비 10 g
양파 50g
샐러리 10g
당근 20g
엑스트라 버진 30g
그라나 빠다노 10g
육수 225g
소금 5g
후추 5g

Chef's tip

1. 면이 al den te(약간 덜 익은 상태)로 익었을 때 더 이상 오버 쿠킹되지 않도록 올리브유를 바르고 잘 식혀준다
2. 파스타 특유의 깔끔한 맛과 색감, 엔초비의 식감을 살리기 위해서 소스에는 파우더를 함유하지 않는다.
3. 면 반죽 비율의 균형 및 세몰라 특유의 향이 남도록 꽃무지유충 파우더의 첨가는 30g을 권장한다.
4. 면을 뽑아 반드시 1~2시간정도 건조시켜 수분을 날려 잡내를 없애줘야한다.

토마토 가스파쵸(Tomato Gazpacho)

토마토와 각종 채소로 만든 상큼한 냉스프인 토마토 가스파쵸는 더위를 날려버리고 땀으로 잃은 수분을 충분히 보충해주며 피부미용과 항암효과, 변비에 효과적이다. 꽃무지 유충에는 아미노산 proline이 첨가되어 콜라겐 생성에 도움이 된다. 또한 꽃무지 유충의 높은 단백질은 근육, 뼈의 구성뿐만 아니라 호르몬, 항체 등의 원료로서 생명활동 조절과 항상성 유지에 중요한 역할을 하기에 온가족에게 큰 도움이 된다.

1. 토마토는 칼집을 내어 끓는 물에 살짝 데쳐 찬물에 식혀 껍질을 벗겨낸다.
2. 토마토, 오이, 양파, 파슬리, 마늘은 잘게 썬다.
3. 고추는 가운데 씨를 제거하고 잘게 썬다.
4. 잘게 썬 채소와 토마토주스, 화이트와인식초, 꽃무지 파우더를 넣고 믹서에 넣어 곱게 간다.
5. 냉장실에 넣어 차갑게 만들어 먹기 직전 그릇에 담아 취향에 따라 소금, 후추로 간을   한다.

※ 꽃무지 파우더는 다른 식용곤충 파우더(갈색)에 비해 연한 아이보리 색을 띠고 있기에 토마토 가스파쵸에 사용함으로서 식감이 도는 토마토의 붉은색을 유지하는데 용이하였다. 다양한 야채를 먹으므로 비타민과 식이섬유를 섭취할 수 있지만 단백질 섭취는 부족하기 때문에 꽃무지 파우더로 단백질 섭취를 대략 17배 강화 시켰다.

재료(Ingredient)	물발자국(Water Foot Print)	재료(Ingredient)	물발자국(Water Foot Print)
토마토(T)	153.32L	오이(Cu)	10.16L
양파(On)	2.43L	파슬리(Pa)	N/A
마늘(Ga)	0.89L	홍고추(RR)	3.54L
화이트와인식초(Wv)	N/A	토마토주스(TJ)	N/A
소금(Sa)	0.14L	후추(Pe)	34.58L
꽃무지유충 파우더 물발자국 (white-spotted flower chafer Larva Powder WFP)			N/A
꽃무지유충 토마토 가스파쵸 물발자국 총 합계 (WSFCL Tomato Gazpacho WFP in total)			205.08L

T=Tomato/On=Onion/Ga=Garlic/Wv=White Wine Vinegar/Sa=Salt/
Cu=Cucumber/Pa=Parsley/RP=Red Pepper/Tj=Tomato Juice/Pe=Pepper

꽃무지파우더 30g
완숙토마토 400g
오이 30g
양파 20g
파슬리 10g
마늘 2g
홍고추 3g
화이트와인식초 2g
토마토주스 20g
소금 5g
후추가루 5g
얼음

Chef's tip

1. 믹서에 간 수프를 고운체에 내리면 좀 더 부드러운 수프가 된다.
2. 얼음을 넣을 경우 녹아서 맛이 옅어질 수 있으니 간을 좀 더 세게한다.
3. 먹기 직전 풍미를 더해주기 위해 올리브오일을 뿌린다.

영양성분 (Ingredient)	토마토 가스파쵸 (Tomato Gazpacho)		꽃무지유충 토마토 가스파쵸 (WSFCL Tomato Gazpacho)	
기준량/섭취량/quantitative standards/total intake per portion(g)	100g	497g(총중량)	100g	527g(총중량)
칼로리/Calorie(kcal)	18.8	93.43	112	590.24
단백질/Protein(g)	0.8	3.97	14	73.78
지방/Fat(g)	0.03	0.14	3.8	20.02
탄수화물/Carb(g)	4.5	22.36	5.9	31.09
총 식이섬유/Fiber (g)	1	4.97	2	10.54
칼슘/Ca(mg)	12	59.64	49.5	260.86
인/P(mg)	15	74.55	12.2	64.29
철/Fe(mg)	0.5	2.48	0.4	2.1
나트륨/Na(mg)	25.4	126.23	19.5	102.76
칼륨/K(mg)	203.9	1013.38	156.8	826.33
필수아미노산/essential amino acid(mg)	104.2	517.87	84.2	443.73
수용성비타민/C(mg)	14.2	70.57	13.9	73.25
지용성비타민/Fat solubility Vitamin A/D/E/K(RE/ug/ug/ug)	3.8/0/0/0	18.88/0/0/0	2.9/0/0/0	15.28/0/0/0

레몬마들렌 (Lemon Madeleine)

부드러운 마들렌에 레몬즙과 레몬 제스트를 넣어서 상큼한 맛을 더한 레몬마들렌은 한입 베어 물면 상큼한 레몬 향과 맛이 온 입안에 퍼져 손을 멈출 수 없다. 특히 여성에게 인기가 많은 마들렌은 조리법이 간단하여 홈 베이킹에 적합한 제과이다.

1. 볼에 달걀을 넣어 풀어주고 설탕을 넣어 골고루 섞는다.
2. 설탕이 녹으면 체 쳐둔 박력분, 아몬드가루, 베이킹파우더, 꽃무지 파우더 넣어 섞는다.
3. 중탕한 버터도 함께 넣어 섞는다.
4. 레몬 껍질을 강판에 갈아 제스트를 만들고 레몬즙과 함께 반죽에 넣는다.
5. 완성한 반죽은 랩을 씌워 실온에서 30분 정도 휴지시킨다.
6. 휴지시킨 반죽을 짤주머니를 이용하여 버터나 기름을 살짝 바른 틀에 짠다.
7. 160~170℃로 예열한 오븐에서 10~15분간 굽는다.

※ 레몬 마들렌에 꽃무지 파우더를 사용한 이유는 마들렌 특유의 노란색을 유지하고 부족한 단백질 함량을 극대화 시킬 수 있다는 장점 때문이다. 레몬즙을 짜는 과정에서 씨를 넣을 경우 쓴맛이 나기 때문에 씨는 넣지 않는다.
꽃무지 유충에는 기존 마들렌에 비해 최소3배 이상의 단백질과, 풍부한 식이섬유, glutamic이 함유되어 있다. 특히 glutamic 아미노산은 콜라겐 생성을 도와 여성들의 미용에 좋다.

재료(Ingredient)	물발자국(Water Foot Print)	재료(Ingredient)	물발자국(Water Foot Print)
달걀(Eg)	0.49L	버터(Bu)	34.32L
설탕(Su)	142.56L	꿀(Ho)	N/A
박력분(WF)	96.48L	아몬드가루(AP)	N/A
베이킹파우더(BP)	N/A	레몬(Le)	64.2L
꽃무지유충 파우더 물발자국 (white-spotted flower chafer Larva powder WFP)		N/A	
꽃무지유충 레몬마들렌 물발자국 총합계 (WSFCL Lemon Madeleine WFP in total)		338.05L	

Eg=Egg/Su=Sugar/WF=Weak Flour/BP=Baking Powder/Bu=Butter/Ho=Honey/AP=Almond Powder/Le=Lemon

꽃무지 파우더 40g
12~15개분량
달걀 100g
버터 60g
설탕 80g
꿀 10g
박력분 60g
아몬드가루 20g
베이킹파우더 3g
레몬100g

Chef's tip

1. 레몬 제스트 사용시 흰 부분이 들어갈 경우 쓴맛이 나므로 주의한다.
2. 레몬껍질은 굵은 소금이나 베이킹 파우더로 문질러 깨끗하게 씻을 수 있다.
3. 짤주머니로 반죽을 짤 때, 오븐에서 반죽이 부풀기 때문에 틀의 80%정도만 채운다.

영양성분 (Ingredient)	레몬마들렌 (Lemon Madeleine)		꽃무지유충 레몬마들렌 (WSFCL Lemon Madeleine)	
기준량/섭취량/quantitative standards/total intake per portion(g)	100g	430g(총중량)	100g	470g(총중량)
칼로리/Calorie(kcal)	285.2	1226.36	324.5	1525.15
단백질/Protein(g)	5.9	25.37	20.7	97.29
지방/Fat(g)	15.8	67.94	16	75.2
탄수화물/Carb(g)	32.2	138.46	26	122.2
총 식이섬유/Fiber (g)	2.1	9.03	3	14.1
칼슘/Ca(mg)	79.8	343.14	106.9	502.43
인/P(mg)	147.8	635.54	105.6	496.32
철/Fe(mg)	1.2	5.16	0.8	3.76
나트륨/Na(mg)	180.8	777.44	129.1	606.77
칼륨/K(mg)	136.1	585.23	97.2	456.84
필수아미노산/essential amino acid(mg)	2036.7	8757.81	1459.8	6861.06
수용성비타민/C(mg)	15.5	66.65	14.8	69.56
지용성비타민/Fat solubility Vitamin A/D/E/K(RE/ug/ug/ug)	22.7 /0/0/0	97.61 /0/0/0	16.2 /0/0/0	76.14 /0/0/0

메가 크런치 (Mega Crunchy)

스트레스를 많이 받거나 피곤할 때 많이 찾는 식품을 생각하면 에너지를 충전해주고 스트레스를 해소시켜주는 초코바가 가장 먼저 생각난다. 풍부한 탄수화물을 함유한 시리얼과 견과류에 초콜릿을 입혀 초코바 본래의 식감과 달콤한 맛을 살렸다. 또한 꽃무지 유충을 함유 하면서 남성의 성욕을 증진시켜주며 여성의 불감증 치료에 효과적인 아미노산 histidine의 섭취가 가능하게 되었다. 이는 쉽게 스트레스에 노출되고 있는 사회인들을 위한 메뉴이다.

1. 시리얼과 견과류는 핸드 블렌더나 칼을 사용하여 잘게 부순다.
2. 시리얼을 제외한 견과류를 팬에 살짝 볶고 모든 재료를 볼에 담아 섞는다.
3. 볼에 초코렛을 중탕하여 녹인다.
4. 중탕시켜 녹인 초콜렛에 꽃무지파우더, 시리얼과 견과류를 섞는다.
5. 틀에 넣고 냉장고에 넣어 굳힌다.

※ 식용 곤충 중 단백질 함유량이 두 번째로 높은 곤충에 속하는 꽃무지 유충을 사용함으로서 과한 피로나 등산, 축구와 같은 격한 운동 이후 부족한 탄수화물과, 단백질섭취을 빠르게 보충할 수 있다.

꽃무지파우더 50g
초콜렛 150g
씨리얼 100g
캐슈넛 15g
아몬드 15g

Chef's tip

1. 개인의 취향에 따라 시리얼, 견과류 g수를 늘리면서 조절해주어도 된다.
2. 굳은 이후에 단단하기 때문에 칼, 방망이를 이용해 원하는 모양을 잡아준다.
3. 한번 냉장고에서 굳어지면 상온에 두어도 잘 녹지 않기에 휴대가 용이하다

재료(Ingredient)	물발자국(Water Foot Print)	재료(Ingredient)	물발자국(Water Foot Print)
초콜렛(Cho)	2580L	씨리얼(Ce)	N/A
캐슈넛(CN)	N/A	아몬드(A)	241.42L
꽃무지유충 파우더 물발자국 (white-spotted flower chafer Larva Powder WFP)	N/A		
꽃무지유충 메가크런치 물발자국 총합계 (WSFCL Mega Crunchy WFP in total)	2821.42L		

Cho=Chocolate/Ce=Cereal/CN=Cashew Nut/A=Almond

영양성분 (Ingredient)	메가 크런치 (Mega Crunchy)		꽃무지 메가크런치 (WSFCL Mega Crunchy)	
기준량/섭취량/ quantitative standards/total intake per portion(g)	100g	280g (총중량)	100g	330g (총중량)
칼로리/Calorie(kcal)	491.2	1375.36	468.4	1545.72
단백질/Protein(g)	6.5	18.2	23.6	77.88
지방/Fat(g)	25.2	70.56	22.3	73.59
탄수화물/Carb(g)	61	170.8	44.1	145.53
총 식이섬유/Fiber (g)	1.3	3.64	2.6	8.58
칼슘/Ca(mg)	78.6	220.08	110.6	364.98
인/P(mg)	171.5	480.2	114.3	377.19
철/Fe(mg)	4.5	12.6	3	9.9
나트륨/Na(mg)	277.5	777	185	610.5
칼륨/K(mg)	304.1	851.48	202.7	668.91
필수아미노산/essential amino acid(mg)	N/A	N/A	5.8	19.14
수용성비타민/C(mg)	3.7	10.36	6.8	22.44
지용성비타민 /Fat solubility Vitamin A/D/E/K(RE/ug/ug/ug)	N/A	N/A	N/A	N/A

초코스틱 (Choco Stick)

아이들 뿐만 아니라 남녀노소 모두 즐겨먹는 초코 스틱을 철분이 가득한 다크초콜렛으로 옷을 입혀 깊고 진한 초콜렛의 맛을 살렸다. 꽃무지 유충 파우더를 첨가해 기존에 부족했던 단백질 함유량을 5배 이상 증가시켜 맛은 물론 영양까지 잡은 건강과자이다.

1. 강력분, 중력분, 베이킹파우더, 꽃무지 유충 파우더, 설탕을 체 쳐 차가운 버터와 우유를 넣어 반죽을 한 덩어리로 만든다.
2. 반죽을 0.5cm의 두께로 얇게 편 뒤, 냉동고에 40분정도 휴지시킨다.
3. 냉동고에서 꺼낸 반죽을 가로 0.8cm 세로 12cm로 자른다. 팬닝한 반죽에 우유를 살짝 발라준다.
4. 윗불200℃ 아랫불180℃ 정도로 예열된 오븐에서 10분간 굽는다.
5. 초콜렛을 잘게 썰어 30~50℃의 온도에서 중탕하여 녹인다.
6. 막대과자에 초콜렛을 입힌다.
7. 땅콩이나 아몬드를 뿌려 완성한다.

※ 초코 스틱이 낱개라는 점에 착안하여 영양분을 분배하여 조리하였다.
57g의 높은 단백질과 기억력 향상 및 인지능력 개선에 도움을 주는 glutamic acid 아미노산을 갖고 있는 꽃무지 유충 파우더를 사용해 적은 초코 스틱 양으로도 많은 영양소를 섭취할 수 있게 하였다.

재료(Ingredient)	물발자국(Water Foot Print)	재료(Ingredient)	물발자국(Water Foot Print)
강력분(SF)	55.47L	중력분(MF)	55.47L
베이킹파우더(BP)	N/A	버터(Bu)	20.02L
우유(Mi)	3.09L	설탕(Su)	21.38L
다크초콜렛(DC)	1204L		
꽃무지유충 파우더 물발자국 (white-spotted flower chafer Larva powder WFP)		N/A	
꽃무지유충 초코스틱 물발자국 총합계 (WSFCL Choco Stick WFP in total)		1359.44L	

Eg=Egg/Su=Sugar/WF=Weak Flour/BP=Baking Powder/Bu=Butter/Ho=Honey/AP=Almond Powder/Le=Lemon

꽃무지유충파우더 40g

강력분 30g
중력분 30g
베이킹파우더2g
버터35g
우유15g(A) 우유15g(B)
설탕12g
다크초콜렛 70g

Chef's tip

1. 초콜렛 중탕 시 온도가 높을 경우 초콜렛이 타버리므로 일정한 온도를 유지한다.
2. 초콜렛 코팅 작업 시 30℃가 작업하기 편하다.
3. 우유를 발라주면 과자가 갈라지는 걸 방지한다.

영양성분 (Ingredient)	초코스틱 (Choco Stick)		꽃무지유충 초코 스틱 (WSFCL Choco Stick)	
기준량/섭취량/quantitative standards/total intake per portion(g)	100g	209g(총중량)	100g	249g(총중량)
칼로리/Calorie(kcal)	445.43	930.94	438.96	1093.01
단백질/Protein(g)	5.31	11.09	20.32	50.59
지방/Fat(g)	26.9	56.22	23.95	59.63
탄수화물/Carb(g)	45.31	94.69	35.37	88.07
총 식이섬유/Fiber (g)	N/D	N/D	1.51	3.75
칼슘/Ca(mg)	128.69	268.96	141.81	353.1
인/P(mg)	176.78	369.47	126.27	314.41
철/Fe(mg)	1.32	2.75	0.94	2.34
나트륨/Na(mg)	239.07	499.65	170.76	425.19
칼륨/K(mg)	173.85	363.34	124.18	309.2
필수아미노산/essential amino acid(mg)	N/D	N/D	5.05	12.57
수용성비타민/C(mg)	2.35	4.91	1.68	4.18
지용성비타민/Fat solubility Vitamin A/D/E/K(RE/ug/ug/ug)	897.81 /0/0/0	1876.42 /0/0/0	641.29 /0/0/0	1596.81 /0/0/0

코니쉬 크림 스콘
(Cornish Cream Scone)

영국인이 뽑은 "오후 tea 타임에 먹고 싶은 간식 1위" 스콘을 더욱 영양적으로 섭취할 수 있도록 꽃무지 유충 파우더를 첨가하여 새롭게 만들어보았다. 코코넛의 달콤한 향과 어울리는 꽃무지 유충 파우더를 첨가함으로써 코코넛의 은은한 맛을 느낄 수 있는 동시에 일반적인 스콘보다 100g 이상 높은 칼슘을 섭취할 수 있다. 또한 기존의 스콘에는 함유되지 않은 식이섬유와 아미노산이 첨가된 영양만점 오후간식이다.

1. 박력분, 베이킹파우더, 코코넛파우더, 설탕, 꽃무지유충 파우더, 소금을 체 쳐 준비한다.
2. 차가운 버터와 우유를 박력분과 체 쳐놓은 재료와 함께 반죽한다.
3. 뭉쳐진 반죽에 코코넛슬라이스를 넣는다.
4. 반죽을 냉장고에 넣어 30분 정도 휴지시킨다.
6. 휴지된 반죽을 2cm 두께로 밀어서 원형 몰드로 찍어낸다.
7. 오븐온도 윗불180℃ 아랫불160℃ 에서 15~20분정도 굽는다.

※ 스콘이 가진 식감과 질감, 색상 그대로를 구현하기 위해 꽃무지 유충 파우더를 사용하였다. 기존의 스콘 역시 단백질 함유량이 풍부하기에 필수아미노산과 칼슘이 풍부한 꽃무지를 사용함으로서 다양한 영양소의 균형을 잡았다.

꽃무지유충파우더 40g
박력분 100g
베이킹파우더2g
설탕50g
소금2g
코코넛파우더40g
코코넛슬라이스15g
우유12g
버터35g

Chef's tip

1. 반죽이 질지 않도록 한 덩어리로 잘 만드는 것이 포인트이다.
2. 냉장에서 20~30분 휴지를 시켜줘야 완성된 후 질감과 풍미가 좋다.

재료(Ingredient)	물발자국(Water Foot Print)	재료(Ingredient)	물발자국(Water Foot Print)
박력분(WF)	184.9L	우유(Mi)	1.23L
소금(Sa)	0.05L	버터(Bu)	20.02L
설탕(Su)	89.1L	코코넛파우더(C)	N/A
베이킹파우더(BP)	N/A	슬라이스코코넛(SC)	N/A
꽃무지유충 파우더 물발자국 (white-spotted flower chafer Larva Powder WFP)		N/A	
꽃무지유충 코니쉬크림 스콘 물발자국 총합계 (WSFCL CornishCream Scone WFP in total)		295.31L	

WF=Weak Flour/Sa=Salt/Su=Sugar/BP=Baking Powder/Mi=Milk/Bu=Butter/C=Coconut powder/SC=Slice Coconut

영양성분 (Ingredient)	코니쉬 크림 스콘 (Cornish Cream Scone)		꽃무지유충 코니쉬 크림 스콘 (WSFCL Cornish Cream Scone)	
기준량/섭취량/ quantitative standards/total intake per portion(g)	100g	255.5g (총중량)	100g	295.5g (총중량)
칼로리/Calorie(kcal)	467.07	1193.36	454.42	1342.81
단백질/Protein(g)	146.96	375.48	121.5	359.03
지방/Fat(g)	170.75	436.26	126.69	374.36
탄수화물/Carb(g)	172.66	441.14	126.34	373.33
총 식이섬유/Fiber (g)	148.94	380.54	107.9	318.84
칼슘/Ca(mg)	217.16	554.84	205	605.77
인/P(mg)	266.55	681.03	190.39	562.6
철/Fe(mg)	148.62	379.72	106.15	313.67
나트륨/Na(mg)	505.64	1291.91	361.17	1067.25
칼륨/K(mg)	321.47	821.35	229.62	678.52
필수아미노산/essential amino acid(mg)	N/A	N/A	5.05	14.92
수용성비타민/C(mg)	149.41	381.74	106.72	315.35
지용성비타민 /Fat solubility Vitamin A/D/E/K(RE/ug/ug/ug)	N/A	N/A	N/A	N/A

※ 키쉬로렌은 도우와 충전물을 따로 만드는데
도우에는 버터가 많이 들어가므로 지방함량이
적은 메뚜기 파우더를 밀가루 대신 10g넣어준다.
충전물에는 충전물에 들어가는 재료를 볶을 때
꽃무지 유충 파우더를 같이 볶음으로써 꽃무지
특유의 향은 날아가고 꽃무지 유충의 풍부한 단
백질을 요리에 이용할 수 있어서 꽃무지 유충과
메뚜기 파우더를 사용하였다.

키쉬 로렌 (Quiche Lorraine)

키쉬 로렌은 프랑스 북동부에 있는 로렌지방의 전통파이로 부드러운 식감이 특징이다. 도우에 들어가는 밀가루 함량을 줄임으로서 탄수화물의 양을 줄이고 메뚜기 파우더를 넣음으로서 단백질, 칼슘, 비타민A등의 필수영양소를 보충하였다. 파이에 들어가는 충전물에는 육류 단백질인 베이컨을 빼고 단백질과 무기질, 아미노산이 풍부한 꽃무지유충과 메뚜기 파우더를 넣음으로써 한끼 식사로 충분한 메뉴로 만들어 보았다.

1. 박력분과 메뚜기 파우더, 설탕, 소금을 계량 한 뒤 체에 내린다.
2. 버터는 실온에 두었다가 주사위 크기로 자른다.
3. 체에 내려준 가루에 주사위 크기의 버터를 넣고 스크래퍼를 이용하여 자르듯이 혼합한다.
4. 버터가 쌀알 크기 정도가 되면 달걀 30g을 넣고 반죽 한 뒤 뭉쳐서 비닐에 넣어서 냉장고에 30분 휴지 시킨다.
5. 휴지 시킨 파이지는 꺼내서 3~4mm로 밀어 파이 틀에 씌워 성형한다. 반죽바닥은 포크로 찍는다.
6. 180℃로 예열해 둔 오븐에서 20분간 굽는다.
7. 마늘은 다지고, 양파는 얇게 채 썰고, 방울토마토는 4등분으로 자르고, 양송이버섯은 편으로 썬다.
8. 팬에 버터를 두르고 마늘, 양파, 방울토마토, 양송이버섯, 꽃무지 유충 파우더를 넣고 같이 볶는다.
9. 볼에 생크림, 계란, 플레인 요거트, 바질가루, 소금, 후추, 치즈를 넣고 섞은 뒤, 볶아서 한 김 식혀둔 재료를 넣고 섞고 파마산 치즈가루를 뿌려 간한다.
10. 초벌로 구운 파이지에 충전물을 붓고 다시 오븐에 넣어서 20분간 구워낸다.
11. 먹기좋은 크기로 자른다.

꽃무지유충 파우더50g
메뚜기 파우더 10g

박력분 90g
설탕 20g
버터 40g
소금 2g
계란 30g
양파 130g
생크림 100g
마늘 15g
소금 10g
버터 5g
후추 5g
바질가루 5g
파마산 치즈가루10g
크림치즈 30g
계란 60g

Chef's tip

1. 초벌로 파이지를 구울 때 부풀어 형태가 변하지 않도록 포크로 고루 찍어준다.

재료(Ingredient)	물발자국(Water Foot Print)	재료(Ingredient)	물발자국(Water Foot Print)
박력분(WF)	166.41L	양파(On)	15.82L
버터(Bu)	22.88L	생크림(WC)	N/A
계란(Eg)	0.44L	마늘(Ga)	6.7L
설탕(Su)	35.64L	바질(B)	N/A
파마산치즈(PC)	N/A	크림치즈(CC)	N/A
소금(Sa)	0.33L	후추(Pe)	34.58L
꽃무지유충 파우더 물발자국 (white-spotted flower chafer Larva powder WFP)	N/A		
메뚜기 파우더 물발자국(Grasshopper Powder WFP)	17.7L		
꽃무지유충&메뚜기 물발자국 총 합계 (WSFCL&GH Quiche Lorraine WFP in total)	300.52L		

WF=Weak Flour/Bu=Butter/Eg=Egg/Su=Sugar/PC=Parmesan Cheese/Sa=Salt/On=Onion/
WC=Whipping Cream/Ga=Garlic/B=Basil/CC=Cream Cheese/Pe=Pepper

영양성분 (Ingredient)	키쉬로렌(Quiche Lorraine)		꽃무지&메뚜기 키쉬로렌(WSFCL&GH Quiche Lorraine)	
기준량/섭취량/quantitative standards/total intake per portion(g)	100g	552g(총중량)	100g	565g(총중량)
칼로리/Calorie(kcal)	240.18	1325.79	257.79	1457.54
단백질/Protein(g)	5.58	30.8	7.59	42.91
지방/Fat(g)	12.38	68.33	11.42	64.56
탄수화물/Carb(g)	26.83	148.1	23.97	135.52
총 식이섬유/Fiber (g)	1.47	8.11	1.46	8.25
칼슘/Ca(mg)	67.27	371.33	115.44	652.69
인/P(mg)	87.74	484.32	77.37	437.45
철/Fe(mg)	2.19	12.08	2.16	12.21
나트륨/Na(mg)	850.58	4695.2	760.07	4297.43
칼륨/K(mg)	152.09	839.53	150.9	853.18
필수아미노산/essential amino acid(mg)	1359.7	7505.54	1199.73	6783.27
수용성비타민/C(mg)	3.21	17.71	2.83	16
지용성비타민/Fat solubility Vitamin A/D/E/K(RE/ug/ug/ug)	N/A	N/A	N/A	N/A

※ 곤충파우더는 물에 녹는 성질이 아니며, 다른
재료와 잘 혼합되어지지 않아 이 책에서 명시한
적정량을 초과할시 쿠키의 맛이 텁텁해지고 반죽
이 뭉쳐지지 않을 수 있기 때문에 주의해야한다.

시나몬 마블쿠키
(Cinnamon Marble Cookie)

전쟁과 기아로 고통 받는 아프리카의 어린이들이 먹을 것이 없어 진흙을 섞어 쿠키를 만들어 먹는 것을 본 후 무엇인가 도움이 되길 바라는 마음에 개발한 메뉴이다. 메뚜기와 꽃무지 유충을 혼합하여 사용함으로서 단백질 함량은 5배, 칼슘은 2배 이상 높였으며 포만감을 줄 수 있는 탄수화물, 불포화지방, 필수아미노산인 히스티딘, 비타민b3, 성장에 필수적인 라이신 등을 풍부하게 섭취할 수 있어 유아기 및 성장기 어린이에게 알맞은 쿠키이다.

꽃무지반죽

1. 박력분, 베이킹파우더, 슈가파우더, 꽃무지 파우더를 체에 내린후 버터를 올려 스크래퍼로 잘게 자른다.
2. 1번에 달걀노른자와 물을 넣고 손바닥으로 치댄 후, 한덩어리로 만든다.
3. 냉장고에서 30분정도 굳힌다.

시나몬메뚜기반죽

1. 박력분, 아몬드파우더, 슈가파우더, 황설탕, 시나몬파우더, 메뚜기파우더를 함께 체 친다.
2. 버터를 으깨듯 가루와 섞으면서 손으로 비빈다. 물을 넣어 한덩어리로 만든다.
3. 반죽을 냉장고에서 30분 정도 굳힌다.
4. 꽃무지 반죽에 시나몬반죽을 조금씩 떼어 섞은 뒤, 원통 모양으로 만들어 유산지에 돌돌 말아 냉동실에서 1시간 정도 굳힌다.
5. 반죽을 0.5cm 정도로 잘라 팬닝한다.
6. 예열된 윗불180℃ 아랫불 160℃의 오븐에서 12~15분간 굽는다.

재료(Ingredient)	물발자국(Water Foot Print)	재료(Ingredient)	물발자국(Water Foot Print)
박력분(WF)	295.84L	베이킹파우더(BP)	N/A
아몬드가루(AP)	N/A	버터(Bu)	54.34L
슈가파우더(SPD)	N/A	계란노른자(Yo)	N/A
황설탕(BRS)	N/A	시나몬파우더(Ci)	N/A
		물(Wt)	0.01L
꽃무지유충 파우더 물발자국 (white-spotted flower chafer Larva Powder WFP)			N/A
메뚜기 파우더 물 발자국(Grasshopper Powder WFP)			17.7L
꽃무지유충&메뚜기 시나몬마블쿠키 물발자국 총합계 (WSFCL&GH CMC WFP in total)			367.89L

WF=Weak Flour/AP=Almond Power/SP=Sugar Power/BS=Brown Sugar/CP=Cinnamon Powder/BP=Baking Powder/Bu=Butter/Yo=Yolk

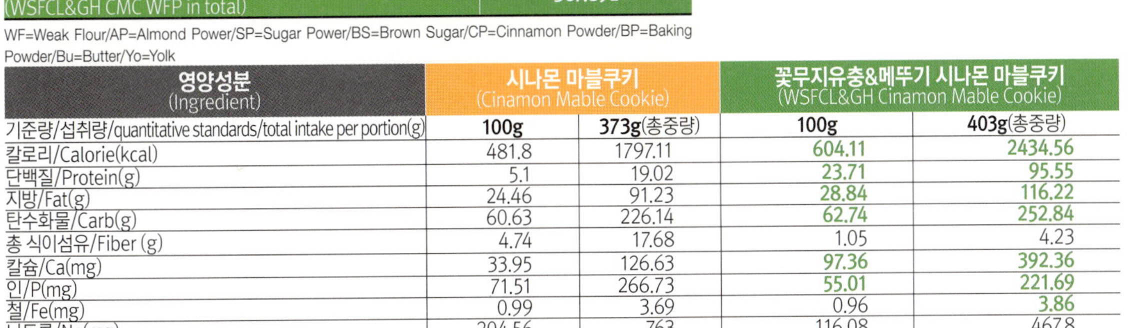

영양성분 (Ingredient)	시나몬 마블쿠키 (Cinamon Mable Cookie)		꽃무지유충&메뚜기 시나몬 마블쿠키 (WSFCL&GH Cinamon Mable Cookie)	
기준량/섭취량/quantitative standards/total intake per portion(g)	100g	373g(총중량)	100g	403g(총중량)
칼로리/Calorie(kcal)	481.8	1797.11	604.11	2434.56
단백질/Protein(g)	5.1	19.02	23.71	95.55
지방/Fat(g)	24.46	91.23	28.84	116.22
탄수화물/Carb(g)	60.63	226.14	62.74	252.84
총 식이섬유/Fiber (g)	4.74	17.68	1.05	4.23
칼슘/Ca(mg)	33.95	126.63	97.36	392.36
인/P(mg)	71.51	266.73	55.01	221.69
철/Fe(mg)	0.99	3.69	0.96	3.86
나트륨/Na(mg)	204.56	763	116.08	467.8
칼륨/K(mg)	117.65	438.83	105.14	423.71
필수아미노산/essential amino acid(mg)	884.28	3298.36	680.63	2742.93
수용성비타민/C(mg)	N/A	N/A	N/A	N/A
지용성비타민 /Fat solubility Vitamin A/D/E/K(RE/ug/ug/ug)	106.72 /0/0/0	398.06 /0/0/0	82.09 /0/0/0	330.82 /0/0/0

꽃무지유충파우더 30g
메뚜기파우더 10g

메뚜기반죽

박력분10g
아몬드파우더20g
슈가파우더10g
황설탕10g
시나몬파우더3g
버터20g
물 3g

꽃무지반죽

박력분150g
슈가파우더 75g
베이킹파우더1.5g
버터75g
물 7g
계란노른자30g

Chef's tip

1. 냉동고에서 굳힌 반죽을 자를 때 뭉게지지 않게 주의한다.

불개미, 베짜기 개미 & 혼합곤충

Red Ant, Weaver Ant & Mixed Insects

계란 볶음밥
캘리포니아 롤
슈

Red Ant, Weaver Ant & Mixed Insects

불개미, 베짜기 개미의 특징&효능

불개미는 수분과 섬유소가 풍부해 고혈압을 예방한다. 또한 한의학적으로 기침, 감기, 천식 치료와 동맥경화 치료에 효과적이라고 한다.

베짜기 개미의 특징&효능

베짜기 개미는 태국에서 식재료로 이용된다. 특히 현지인들에게 진미로 손꼽히며, 식감이 매우 좋다고 알려져 있다. 사진의 베짜기 개미는 여왕개미와 일개미가 함께 있으며, 국내에 없는 종으로 연구가 필요한 실정이다.

불개미, 베짜기 개미 물발자국

N/A

영양성분(Ingredients)

Nutrient facts(100g)	
지방(Fat)	13.5
식이섬유(Fiber)	6.9
단백질(Protein)	53.5
인(Phospinons)	0.18
마그네슘(Magnesium)	0.7
나트륨(Sodium)	0.8
염소(Chlorine)	0.21
아연(Zinc)	0.02
비타민B1(Vitamin B1(mg))	9.2
비타민B2(Vitamin B2(mg))	30
비타민B3(Vitamin B3(mg))	130

태국산 베짜기개미(breeded and examed in Thailand)
Fresh Weight(blanched)
영양성분 출처 – www.thailandunique.com

불개미& 베짜기 개미 (Red ant & Weaver ant) 손질법

개미의 경우 크기가 작고 수분의 함량이 극소량이므로 자연건조가 적합하다.

계란볶음밥 (Egg Fried Rice)

중식요리의 기본이자 사람들이 가장 즐겨 찾는 계란 볶음밥에 개미의
톡톡 터지는 식감과 밀웜의 고소한 식감을 더했다. 밀웜의 높은 단백질
과 개미가 가진 높은 칼슘은 성장기 어린이들과 노약자에게 특히 좋은
음식이다.

1. 양파, 당근, 마늘쫑, 양배추, 마늘, 대파는 다지고 생강은 곱게 다진다.
2. 달군 팬에 기름을 두르고 생강 마늘을 볶고 건조 밀웜과 불개미를 넣고 살짝 볶는다.
3. 달군 팬에 기름을 두르고 계란을 풀어주면서 익힌다.
4. 다진 마늘, 양파, 당근, 마늘쫑, 양배추를 넣고 센 불에서 볶아 소금, 후추, 간장으로 간을
   한다.
5. 고슬고슬하게 지은 밥을 식혀 볶아놓은 재료와 섞어 볶는다.
6. 마지막에 대파, 밀웜, 불개미를 넣고 살짝 볶는다.

※ 곤충을 첨가 할 때 레시피에서 명시한 양을 지켜줘야 한다.
만약 불개미양이 초과하면 볶음밥의 색감이 검게 변하기 때문이다.
밀웜을 파우더로 사용하면 볶음밥의 맛이 텁텁해지기 때문에
꼭 분쇄 밀웜을 사용해야 한다.

분쇄 밀웜 35g
건조 불개미 5g
밥 100g
양파 30g
당근 20g
마늘쫑 20g
양배추 20g
계란 60g(약1개)
마늘 10g
대파 10g
생강 5g
소금 10g
후추 5g
간장 5g

재료(Ingredient)	물발자국(Water Foot Print)	재료(Ingredient)	물발자국(Water Foot Print)
밥(Ri)	90.7L	계란(Eg)	0.29L
양파(On)	3.65L	대파(SO)	3.48L
당근(Ca)	4.65L	마늘(Ga)	4.47L
마늘쫑(GS)	N/A	생강(Gi)	2.2L
양배추(Cb)	1.7L	간장(S)	56.7L
소금(Sa)	0.28L	후추(Pe)	34.58L
분쇄 밀웜 물발자국(Grinded Mealworm WEP)			158.97L
건조 불개미 물발자국(Dried Red Ant WEP)			N/A

Ri=Rice/On=Onion/Ca=Carrot/GS=Garlic Shoots/Cb=Cabbage/
Sa=Salt/Eg=Egg/Sp=Spring onion/Ga=Garlic/Gi=Ginger/SS=Soy Sauce/Pe=Pepper

Chef's tip

1. 불개미의 경우 살짝 신맛이 날수 있기에 센
불에 짧은 시간 볶아야 한다.
2. 재료에 간을 할 때 조금 짜게 해주어야 밥
을 넣었을 때 간이 맞다.
3. 밥알이 서로 붙지 않게 식은 밥을 쓰는 것
이 좋고 고슬고슬하게 지어야 밥알이 알알이
간이 베인다.

영양성분 (Ingredient)	계란볶음밥 (Egg Fried Rice)		불개미&밀웜 계란볶음밥 (RA&MW Egg Fried Rice)	
기준량/섭취량/quantitative standards/total intake per portion(g)	100g	325g(총중량)	100g	365g(총중량)
칼로리/Calorie(kcal)	159.96	519.87	253.25	924.36
단백질/Protein(g)	4.88	15.86	16.56	60.44
지방/Fat(g)	1.81	5.88	9.84	35.91
탄수화물/Carb(g)	30.33	98.57	24.1	87.96
총 식이섬유/Fiber (g)	1.48	4.81	2.26	8.249
칼슘/Ca(mg)	29.08	94.51	22.61	82.52
인/P(mg)	78.47	255.02	63.41	231.44
철/Fe(mg)	1.67	5.42	1.39	5.07
나트륨/Na(mg)	1215.22	3949.46	868.01	3168.23
칼륨/K(mg)	192.37	625.2	137.41	501.54
필수아미노산/essential amino acid(mg)	1888.69	6138.24	1349.59	4926
수용성비타민/C(mg)	3.92	12.74	2.8	10.22
지용성비타민/Fat solubility Vitamin A/D/E/K(RE/ug/ug/ug)	106.24 /0/0/0	345.28 /0/0/0	75.89 /0/0/0	276.99 /0/0/0

※ 입자가 부드러운 와사비, 마요네즈와 쉽게
섞기 위해 비슷한 입자를 가진 밀웜 파우더를
사용했다. 밀웜 파우더 함량은 최대 18~20g까
지 늘려 고소한 맛을 좀 더 살릴 수 있다. 불개미
는 1.5g이상 넣을 시 조리된 음식의 맛이 달라질
수 있으니 유의해야한다.

캘리포니아 롤(California Roll)

캘리포니아 롤의 담백함에 밀웜 파우더 특유의 고소함을 더해 부족한 단백질 함량을 강화하였다. 롤 표면을 감싸는 날치 알의 톡톡 씹히는 맛과 식감이 좋은 불개미의 아삭아삭함을 섞어 씹는 재미를 더하였다. 끝으로 와사비를 이용하여 자칫 느끼할 수 있는 밀웜과 마요네즈의 고소한 맛을 와사비의 알싸한 맛으로 어울리게 만들어 보았다.

1. 양파는 곱게 다져서 준비하고 오이는 김 사이즈에 맞춰서 자른다.
2. 맛살도 반으로 잘라 오이와 같은 사이즈를 맞추고 치즈는 길게 4등분하여 준비한다.
3. 무순은 찬물에 깨끗이 씻고 아보카도는 반을 잘라 씨를 빼 껍질을 제거하여 얇게 채 썰어 준비한다.
4. 밥에 후리가케, 참기름, 불개미를 넣은 뒤 섞는다.
5. 밀웜 와사비마요(밀웜 파우더+참치+와사비+설탕)을 만들어 준비한다.
6. 김발에 랩을 감싸 다음 김을 깔고 거친 부분에 준비해 놓은 밥을 골고루 편 다음 뒤집는다.
7. 오이와 치즈, 밀웜 와사비마요, 맛살, 무순, 아보카도를 넣은 다음 김발을 말아가며 네모모 양으로 모양을 잡는다.
8. 꽉 말아진 롤을 적당한 크기로 썬 다음 날치 알을 골고루 묻힌 뒤 마무리한다.

밀웜파우더 15g
불개미 1.5g

밥 200g
후리가케 110g
참치(캔) 12g
양파 15g
오이 15g
슬라이스치즈 18g
맛살(크래미) 20g
무순 10g
김밥용 김 1ea
날치알 20g
아보카도 20g
참기름 20g
마요네즈 20g
와사비 12g
설탕 5g

재료(Ingredient)	물발자국(Water Foot Print)	재료(Ingredient)	물발자국(Water Foot Print)
밥(Ri)	184.4L	슬라이스치즈(SC)	N/A
후리가케(Fu)	N/A	무순(RS)	N/A
참치(Tu)	N/A	김(LV)	N/A
양파(On)	1.82L	날치알(FFR)	N/A
오이(Cu)	5.08L	아보카도(Av)	39.62L
마요네즈(Ma)	8417.9L	참기름(SO)	9.01L
설탕(Su)	8.91L	와사비(Wa)	N/A
맛살(ICM)	N/A		
건조 불개미 물발자국(Dried Red Ants WFP)			N/A
밀웜 파우더 물 발자국(MealWorm Powder WFP)			68.13L
밀웜&불개미 캘리포니아 롤 물발자국 총 합계 (Mealworm&Red AntsCalifornia Roll WFP in total)			8731.88L

Ri=Rice/Fu=Furikake/Tu=Tuna/On=Onion/Cu=Cucumber/Ma=Mayonnaise/Su=Sugar/ICM=Imitation Crab Meat/SC=Slice Cheese/RS=Radish Sprouts/LV=laver/FFR=Flying Fish Roe/Av=Avocado/SO=Sesame Oil/ Wa=Wasabi

Chef's tip

1. 와사비를 좋아하는 사람에 한해서 양을 줄이고 늘려도 상관없다.
2. 들어가는 곤충의 함량은 레시피에 명시된 양 이상으로 넣을 시 특유의 맛이 많이 날 수 있기 때문에 유의하여야 한다.

영양성분 (Ingredient)	캘리포니아롤 (California Roll)		밀웜+불개미 캘리포니아롤 (Mealworm+Red ant California Roll)	
기준량/섭취량/quantitative standards/total intake per portion(g)	100g	324g(총중량)	100g	340.5g(총중량)
칼로리/Calorie(kcal)	331.92	1075.42	355.94	1211.97
단백질/Protein(g)	7.58	24.55	13.16	44.8
지방/Fat(g)	8.84	28.64	11.97	40.75
탄수화물/Carb(g)	54.48	176.51	47.99	163.4
총 식이섬유/Fiber (g)	0.3	0.97	0.88	2.99
칼슘/Ca(mg)	53.63	173.76	46.71	159.04
인/P(mg)	124.49	403.34	109.51	372.88
철/Fe(mg)	2.81	9.1	2.48	8.44
나트륨/Na(mg)	108.15	350.4	92.83	316.08
칼륨/K(mg)	239.93	777.373	205.94	701.22
필수아미노산/essential amino acid(mg)	1462.38	4738.11	1255.53	4275.07
수용성비타민/C(mg)	3.73	12.08	3.2	10.89
지용성비타민/Fat solubility Vitamin A/D/E/K(RE/ug/ug/ug)	91.36/0/0/0	296/0/0/0	78.42/0/0/0	267/0/0/0

버블 슈 (Bubble Choux)

스위스 HIM, SHMS 호텔학교에서 처음으로 배운 디저트가 Bigne(슈)였다. 걸쭉한 반죽이 부풀어서 반죽의 몇배 크기가 되는 이 디저트가 나에겐 마법같았다. 식용곤충식 개발과정 중 제자들에게 문득 슈크림은 청춘 같다는 이야기에 시작된 개미+슈가 버블슈를 만들어냈다. 귀뚜라미 파우더를 넣어 바로 구운 듯한 색감을 낼 수 있었고 개미를 속재료로 사용해서 개미 특유의 바삭한 식감과 담백한 생크림이 조화를 이루는 메뉴이다. 개미의 철분과 귀뚜라미의 풍부한 필수아미노산이 함유되어 어린이 건강식으로도 좋다.

1. 냄비에 물을 붓고 버터와 설탕, 소금을 넣고 끓기 직전까지 가열한다.
2. 끓기 시작하면 불을 끄고 채친 밀가루와 곤충파우더를 넣는다
3. 다시 약한 불에 냄비를 올리고 나무주걱으로 빠른 속도로 반죽을 한다.
4. 완성된 반죽은 다른 용기에 옮겨 서늘한 곳에서 식힌다.
5. 식힌 반죽을 냄비에 다시 넣어주고 계란을 하나씩 넣어주며 나무주걱으로 빠른 속도로 반죽을 한다.
6. 완성된 반죽을 짤주머니에 넣고 오븐 팬에 일정한 간격으로 짠다.
7. 200~220℃의 온도에서 10분 정도 굽는다.
8. 잘 부풀려진 슈를 확인한 후 오븐을 끄고 잔열로 슈에 남은 수분을 날린다.
9. 슈 바닥에 구멍을 내고 준비된 개미생크림을 충전한다.

※ 귀뚜라미 파우더의 적정량을 넘어가면 슈가 부풀지 않기 때문에 꼭 책에서 명시된 양만 사용한다. 그리고 반드시 파우더를 사용해야 한다.

귀뚜라미 파우더 20g
불개미 10g
물 100ml
버터 50g
계란 120g(약2개)
중력분 65g
소금 3g
설탕 3g
생크림 200g
설탕 20g

재료(Ingredient)	물발자국(Water Foot Print)	재료(Ingredient)	물발자국(Water Foot Print)
물(Wt)	0.1L	생크림(FC)	N/A
버터(Bu)	28.6L	설탕(Su)	40.98L
계란(Eg)	0.58L	소금(Sa)	0.08L
중력분(MF)	120.18L		
귀뚜라미 파우더 물발자국(Cricket Powder WFP)			74.5L
건조 불개미 물발자국(Dried Red Ant WFP)			N/A
귀뚜라미&불개미 버블슈 물발자국 총합계 (CR&RA bubble Choux WFP in total)			265.04L

Wt=Water/Bu=Butter/Eg=Egg/FC=Fresh Cream/Sa=Salt/MF=Medium Flour/Su=Sugar

영양성분 (Ingredient)	슈 (Choux)		귀뚜라미&불개미 버블슈(CR&RA bubble Choux)	
기준량/섭취량/quantitative standards/total intake per portion(g)	100g	455g(총중량)	100g	475g(총중량)
칼로리/Calorie(kcal)	296.17	1317.95	266.76	1267.12
단백질/Protein(g)	6.17	27.45	9.87	46.92
지방/Fat(g)	17.4	77.43	15.33	72.83
탄수화물/Carb(g)	30.34	135.01	23.56	111.94
총 식이섬유/Fiber (g)	1.16	5.16	0.89	4.24
칼슘/Ca(mg)	31.57	140.48	27.98	132.92
인/P(mg)	108.73	483.84	99.54	472.83
철/Fe(mg)	1.13	5.02	19.69	93.56
나트륨/Na(mg)	160.93	716.13	123.82	588.16
칼륨/K(mg)	88.73	394.84	68.58	325.77
필수아미노산/essential amino acid(mg)	2105.82	9370.89	1621.05	7700.02
수용성비타민/C(mg)	N/A	N/A	N/A	N/A
지용성비타민/Fat solubility Vitamin A/D/E/K(RE/ug/ug/ug)	86.3 /0/0/0	384.03 /0/0/0	66.38 /0/0/0	315.33 /0/0/0

Chef's tip

1. 슈 반죽시 파우더와 밀가루가 뭉치지 않게 빠른 속도로 젓는다.
2. 슈 반죽을 오븐에 넣고 확인 차 열 경우 온도가 떨어져 반죽이 잘 부풀지 않으므로 가급적 오븐 문을 열지 않는다.

PART 3

메뉴별 세부 조리과정

Professional Recipe in English

Minestrone

1. Chop up all vegetables(onion, carrot, zucchini, potato, green onion) into small dices, and prepare it. Cut up a cherry tomato in half and chop up broccoli in small slices.

2. Put an olive oil and the garlic minced in a pot and stir-fry them in the order of solid ingredients, and finally put mealworm to stir-fry.

3. Put the bake bean prepared and tomato hole into the stir-fried ingredient and boil it slowly, and season them with salt and pepper.

The existing Minestrone has 40g of meat, while 40g of mealworm was used as alternative protein in this book. When cooking it in powder type, it is not soluble in water and makes spring type food thick and unpleasantly so it does not give any feeling of aversion and it is good to use the mealworm powdered with its texture.

Fallafel

1. Boil the chickpea, soaked for a day, for 30minutes to cook.
2. Mince onion, garlic, carrot, leek and chili.
3. Break Mealworm into much smaller pieces with a hand.
4. Mash the boiled chickpea finely and put basil and oregano, cleaned vegetable and pulverized mealworm with the salt seasoned to knead.
5. Divide the kneaded dough and form it in a ball shape.
6. Fry the formed ball in an oil to the extent that it is colored.
7. Put it with yogurt.

Notes

In case of using the powdered mealworm, the taste of fallafel becomes soupy and it is recommended to use the powdered mealworm, If more than 50g of mealworm is exceeded, the dough is not massed so you should be careful. If the mealworm particle is so largely powered and mixed to the dough, the mealworm seen on the surface of dough can be burnt first and it is recommended to put the fixed amount.

Sicilian Aubergine Stew

1. Cut the eggplant in 4 slices and quit the seed, and cut in bite sized slices. Cut the garlic in half with its own shape.

2. Prepare also celery, onion, paprika, olive and mushroom in bite sized slices.

3. Fry the eggplant and garlic to each color made.

4. Blanch celery on a boiling water.

5. Put olive oil and minced garlic on a pot and stir-fry them and then other ingredients(including mealworm)

6. Put the mashed tomato hole and caper on the fried ingredient, and boil it on a low heat.

7. If the density is thick, put sugar, vinegar, fried eggplant and garlic to finish.

8. Cool it and put it on a container or plate.

Putting mealworm to caponata with vegetables added protein to the food.

Putting the pulverized mealworm to caponata did not damage the taste of other ingredient and made harmony with other ingredient. If the powdered mealworm is used not that the pulverized on mentioned in this recipe, it will have a soupy taste and is recommended to use the pulverized mealworm.

Chocolate Pizza

Dough
(minimized unit of 1kg based)

1. Melt the yeast in the checkweighed warm water and put the checkweighed sugar, salt, milk and olive oil.

2. Julienne cricket powder in the wheat powder and put the mixed dough.

3. Dough them in a dough machine for 12 minutes.

4. Put the dough in a vinyl and ferment it on room temperature for 15 minutes before dividing it by 130g.

Pizza

1. Spread the dough in 25cm of diameter with a push bar.

2. Sprinkle the pulverized chocolate and cricket and mealworm dried and pulverized over the widely spread dough as topping.

3. Bake it on the preheated oven to 200-250°C for 10 minutes.

4. Sprinkle the nuts and sugar powder onver the pizza taken out of oven to finish.

Notes

In case of using the powdered mealworm, the taste of fallafel becomes soupy and it is recommended to use the powdered mealworm, If more than 50g of mealworm is exceeded, the dough is not massed so you should be careful. If the mealworm particle is so largely powered and mixed to the dough, the mealworm seen on the surface of dough can be burnt first and it is recommended to put the fixed amount.

Taco

1. Boil the chickpea, soaked for a day, for 30 minutes, and learn it.

2. Mince onion, garlic, carrot, leek and chilli.

3. Break mealworm into small pieces with a hand.

4. Mash the boiled chickpea finely and put basil and oregano, and knead the vegetables and mealworm seasoned with salt.

5. Divide the kneaded dough, and form the ball shape to the degree of diameter 1cm(5g).

6. Fry the formed dough to the color and to 150℃ oil.

7. Coat the fried fallafel with the prepared chilli sauce.

8. Put the fallafel with sauce coated on taco shell, and tope your favorite ingredients..

Notes

In case of using the powdered mealworm, fallafel may be soupy so it is recommended to use the pulverized mealworm,

If more than 50g of mealworm is used, the dough is not massed and in frying fallafel on an oil, it may be burnt first so it is recommended to put the fixed amount.

French Fry Potatoes

1. Peel the potato and cut it horizontally 0.5cm and vertically 0.5cm length.

2. In order to quit potato starch, clean the julienned potato with cold water.

3. Use paper towel or cotton patch to quit all the potato starch.

4. Pour a cooking oil to a pot and if it gets to 160℃ put the dried potato and fry it yellowish before putting some salt and mix them.

5. Put seasoning powder(mealworm powder+onion powder+paprika powder+basil+oregano+salt+pepper) and mix them before sprinkling parmesan cheese to finish.

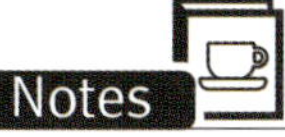
Notes

French fries has high carbohydrate and fat contents but almost no protein so mealworm powder allows to consume protein. Also, the reason why 'mealworm' of consumable insects is because the spicy taste of mealworm was good when making a seasoning powder. And 50g of mealworm powder in the seasoning powder was put to cook because 50g is best in the harmony between good ingestion and taste of protein contents. Also, the powder was used because the good particle for seasoning powder allows the good taste.

Tomato Pasta

1. Put olive oil on a frying pan, and stir-fry garlic and chopped onion and tomato paste and then tomato hole, and season them with salt, sugar, pepper and spice, and cook the sauce on a slow fire.

2. Add 1% of salt to the boiling water, and boil past noodles for 1.30 minutes. Julienne the boiled pasta noodles and sprinkle olive oil and mix them before cooling them.

3. Julienne paprika and onion, and mince the garlic.

4. Put olive oil on the hot frying pan and stir-fry the prepared ingredients.

5. Pour tomato sauce and put spaghetti noodle, and stir-fry them quickly. Put the vegetable stock to the spaghetti, and season it with salt and pepper.

6. Put the tomato spaghetti on a plate, and sprinkle grana padano cheese.

Notes

Insect powder is not soluble nor mixed in water like wheat powder, with its particle of dough is stuck so if more than 40g decided in this book is used, the dough is well cut and not well massed.

And the perfume of insect become stronger, and 40g is the most appropriate.

Also, select noodles and dry them for 1~2 hours, and quit its water and insect's perfume.

Crunch Tofu Salad

1. Julienne paprika(yellow and red) and pick a chicory with a hand, and put it in water. Put a green vitamin and leaflets in water.

2. Mash tofu and squeeze its water, and mince onion, garlic and carrot. Oil the frying pan and stir-fry the mashed tofu and minced ingredients slightly, and dry its water and stir-fry mealworm powder with salt and pepper seasoned before spreading it widely on an oven pan and baking it on the preheated oven to 180℃ for 30 minutes.

3. Cut a cherry tomato in half and stir-fry it with olive oil.

4. Cube the bread and bake it on an oiled pan.

5. Put balsamic vinegar, olive oil and vinegar, and prepare the italian dressing seasoned with salt and pepper.

6. Mix all the ingredients.

Notes

Mealworm has much fat and oil. In order to quit this oil, baking it on an oven and quitting the oil allows to capture its crispness and spiciness.

Pomme Dauphinoise

1. Peel the potato and put it in water, and quit the starch and dice it(1x1x1cm).

2. Dice bell pepper and onion in (1x1x1cm).

3. Divide broccoli in small sizes.

4. Julienne button mushroom and mince garlic.

5. Melt butter and put wheat powder and mealworm powder 30g, and mix them on a low heat, and if it is massed put milk and make white roux.

6. Blanch potato and broccoli in a salt water, and stir-fry the remained vegetable in olive oil.

7. Put fresh cream(whipping cream)and milk to white roux and boil them, and season with salt and pepper to make sauce.

7. Put other vegetables, except broccoli, on a oven plate, and pour white sauce.

8. Raise broccoli and sprinkle mozzarella cheese and parmesan cheese, and melt them.

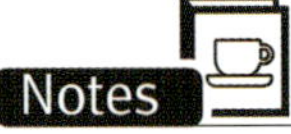
Notes

Mealworm is the best because it tastes pure not strong like tomato sauce or spicy sauce. Mealworm was used because its spicy taste is well matched with gratin.

Stir-Fried Rice Cake(Tteokbokki)

1. Soak 150g of a rice cake in 30℃ of water for 20 minutes.

2. Put 800ml of water and each 10g of onion, carrot, leak and garlic, and boil meat broth to prepare.

3. Mix red pepper paste, chili powder, thick soy and starch syrup, and make its sauce.

4. Cut 100g of fish cake in a triangular shape, and chop 20g of cabbage and 20g of onion thickly, and cut 20g of leek and 20g of carrot diagonally.

6. Put the above-mentioned ingredients in the meat broth prepared and sauce, and boil it about for 5 minutes.

7. Put a rice cake and fish cake and boil it about for 5 minutes.

***Put egg in the water before it boils, and boil it for 10 minutes.**

Notes

It is recommended that mealworm is put even to 40g as possible. In case of additionally putting it, the fat-forming element of mealworm is increased and the first flavor of Tteokbokki can become greasy, and if it is put in small quantity nutrient is so small that imbalance of nutrient can be made. Also, the reason why it is not put raw(after its being blanched) is because the texture of Tteokbokki can be reduced due to mealworm.

Soup with Dough Flakes

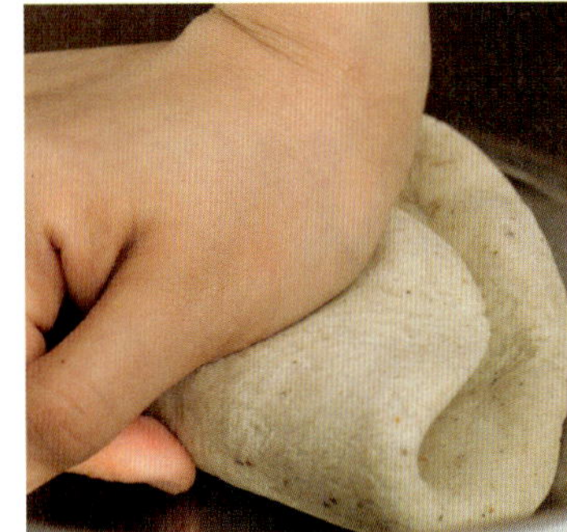

1. Pour water on a pot, and put the anchovy, leek, garlic and keip to make meat broth.

2. Soak shiitake on a warm water and julienne it.

3. Mix wheat powder and cricket powder(4:1) with 4T(60g)

4. Do around rotation cut of green pumpkin and julienne it.

5. Griddle egg yellow white pancake, and julienne it.

6. Stir-fry each green pumpkin and shiitake separately on a frying pan.

7. Strain meat broth through a sieve and pour it in the pot, with soy sauce and salt seasoned.

8. Put sujebi dough in the meat broth and boil it.

9. Put the sujebi on a plate and raise garnish.

Notes

The insect used to dough sujebi is not fried or heat so the focus was made upon not making the special smell of insect. So as a result of using several insects, mealworm was the most appropriate. Also, to minimize the insect perfume, it is recommended to use only the dried mealworm immediately after grinding it with a mixer.

Spring Rolls

1. Stir-fry the dried mealworm slightly, and soak the glass noodles in water before boiling it.

2. Mince mealworm, onions, carrots, vermicelli, cabbage and leek.

3. Oil the hot frying pan and put the minced ingredients, salt, pepper and soy sauce to stir-fry and cool it.

4. Spray water to rice paper and if it is softened put every 30g of fillings and roll it.

5. Fry it on an oil and put it on a kitchen towel to quit its oil.

Notes

If more than the amount of powder mentioned in this recipe, it may taste soupy with bad texture. It is recommended to cook it always with the fixed amount.

Fried Dumpling

Bun Stuffing

1. Mince green onion, ginger, chives and hot chilli and prepare for the bun stuffing.

2. Put mealworm powder to the minced ingredient, and mix them.

3. Season the prepared bun stuffing with miwon, sugar and salt, and knead it well. If some water is out, add wheat powder or starch to dough for the persistence among ingredients.

Dumpling

1. Mix wheat powder and grasshopper powder completely.

2. Knead the dumpling dough little by little with a warm water.

3. Spray more powder on the table base and roll the kneaded dumpling dough with a push bar.(The thinner dumpling, the better tastes and shapes.)

4. Sprary more powder on the table base and roll the kneaded dumpling dough, and chop it with a shape mold to a round plate.

Making mandu

1. Put 1 Ts of bun stuffing in the center of dumpling.

2. Put some water around the end of dumpling and double it in a trian-

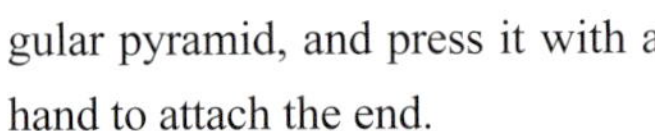

gular pyramid, and press it with a hand to attach the end.

3. Boil the mandu in a boiling water for 6~8 minutes and take mandu out to put in a water mixed of sesame oil or cooking oil before putting it on a plate.

3. Dissolve sugar on a vinegar, and add soy sauce to make soy sauce mixed with vinegar.

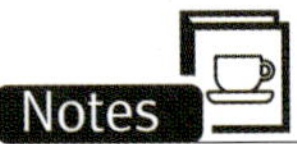
Notes

If more than the amount of powder mentioned in this recipe, it may taste soupy with bad texture. It is recommended to cook it always with the fixed amount.

When doughing dumpling, if more than the amount mentioned in the recipe, the dough is not massed, and when dumpling is spread, it may be torn so be careful.

Mixed Nuts Cracker

1. Mince nuts and the dried meal-worm, and stir-fry it slightly on a frying pan.

2. Add syrup ingredient to a frying pan, and boil it without stirring it.

4. Mince it on a low heat, and mix it with the stir-fried ingredients and syrup.

5. Put it in the buttered mold, and press it to shape or put parchment paper on a wide sheet pan to roll it with a push bar.

6. Harden it in a refrigerator and slice it in your favorite shape.

Notes

The reason why the dried mealworm was used in the nuts and gangjeong is because using the dried one can maximize the crisp taste of gangjeong. Also, if you cook with a powder, it is hard to attach nuts while mixing syrup and gangjeong. Seemingly, it goes well with the color and using the dried mealworm can attract people's attention. The amount of the dried mealworm can be increased according to your taste, but about 40g looked best.

Hardtack 4 Children

1. Put the wheat powder, water, salt and pulverized mealworm, and mix them.
2. Roll the dough in.1.2cm thick, and divide the dough horizontally × vertically 7.5cm.
4. Sprinkle the wheat powder on an oven pan and raise the dough of hardtack at certain interval.
5. Mold the dough with a fork at a certain interval.
6. Put it on the preheated oven to 190℃, and bake its face for 15 minutes, and its back for 15 minutes.

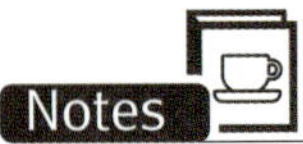

Notes

Insect powder is not soluble nor mixed in water like wheat powder, with its particle of dough is stuck so if more than 30g decided in this book is used, the dough is well cut and not well massed.
And the perfume of insect become stronger, and 30g is the most appropriate.

Chocolate Chip Cookie

1. Put brown sugar and salt in the butter melted on room temperature, and mix them softly.

2. Put egg in the melted butter twice or three times and make its perfect cream, and mix vanilla liquid.

3. Put strong flour, cocoa powder, baking powder and grasshopper powder, and mix them evenly with a rice paddle.

4. Put 2/3 of choco chips prepared in the dough, and mix them evenly.

5. Take 15g of dough and put it round on a frying pan, and press it slightly before sticking the remained choco chips on a surface.

6. Bake it on an oven to 175℃~ 180℃ for 7~10 minutes.

If more amount of powder mentioned in this book is used, its texture become soupy much with its color, so it is recommended to keep the fixed amount.

Noodles with Black Bean Sauce

1. Put grasshopper powder and water in wheat powder, and dough it with water. Roll the dough in 0.3cm thick and make noodles in your favorite size.

2. Mince ginseng and leek, and dice onion, potato, cabbage and green pumpkin in small slices(1x1x1cm).

3. Blanch the diced potato slightly on a boiling water, and cook it underdone.

4. Raise the oiled frying pan on a heat, and put chunjang stir-fry it on an olive.

5. Boil the noodles in a boiling water and rinse it in cool water.

6. Oil the hot frying pan and stir-fry the ginseng, put the diced onion, potato, pumpkin, leek and chunjang, and stir-fry it slightly.

7. Pour water and boil it, and dissolve starch water to adjust the density, and complete the jjajang sauce.

8. Roll noodles and contain it on a plate before pouring jjajang sauce.

Notes

1. If more than the fixed amount mentioned in the recipe while doughing noodles, the dough is not well massed and cut in noodle making so it is recommended to keep the fixed amount.

2. If the pulverized insect is used, the dough is not massed.

Sweet and Sour Pork

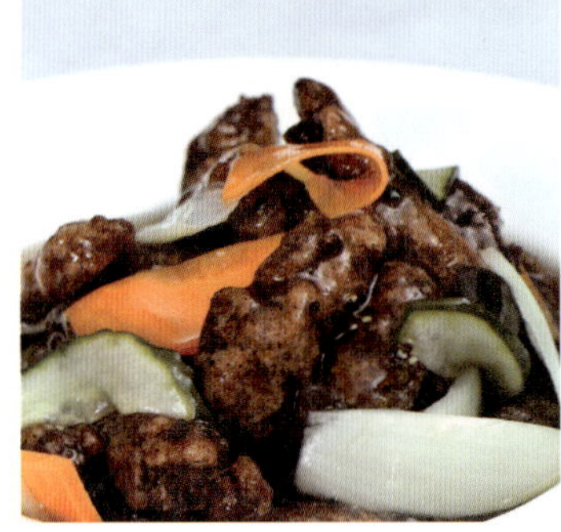

1. Soak the morbid for 3 hours and put it in water to boil for 1 hour, and grind it finely with a mixer and mix it with gluten flour, peanut flour, pepper, salt before putting water(150ml) and mixing them well to make it in 5x1cm little finger sized form.

2, Add water to starch to make starch water and soak tree ear, and slice onion, carrot, cabbage, cucumber and tree ear in 4x1cm. Mince ginseng finely.

3. Quit water from the sunk starch and mix grasshopper powder before coating textured vegetable protein with starch water and frying it on a heat oil and once again after cooling it.

4. Oil the hot frying pan slightly and stir-fry ginseng a little and then onion, carrot, cabbage, cucumber, tree ear as quickly as possible, and put vinegar, sugar and water(200ml) adjusting the color with soy sauce to boil and add the starch water to adjust its strong density.

5. When the sauce is boiled, put the fried sweet and sour and mix it.

The reason why the mealworm is mixed to textured vegetable protein was to complement the fat wanted in textured vegetable protein, and in case of using the whole grasshopper it can induce aversion so it was fried in powder shape with starch to quit weed smell.

Shaomai

Bund stuffing

1. Mince shrimp, ginseng and green onion, and make cuts in shrimp before mincing it.

2. Put the mealworm powder in the minced ingredients, and mix them.

3. Season the ingredients mixed with salt, soy sauce, pepper and sesame oil, and put wheat powder or starch kneading for its persistence.

Dumpling

1. Mix wheat powder and grasshopper powder.

2. Dough the powder and wheat powder with warm water.

3. Sprinkle more powders to the dumpling dough and roll it properly with a push bar.

4. Shape the round dumpling in 7cm diameter.

Making Mandu

1. Put the dumpling and 1Ts of bund stuffing in the center.

2. Press the center of mandu and raise the side dough up to cover the bund stuffing and attache the remaining part of the side.

3. Put the mandu on a steamer and steam it for 7 minutes.

Notes

When doughing Shaomai, if the amount of insect powder is exceeded than the indicated in the book, the dough of Shaomai can not be well done with its flexibility reduced, and it is recommended to be careful of the fixed amount in this book.

Lasagna

1. Blanch spinach slightly in a boiling water with salt.
2. Slice the eggplant long and thinly.
3. Mash tofu, and mix the minced spinach and pulverized meal-worm, and season it with salt and pepper.
4. Put 1% of salt in a boiling water, and boil Lasagna noodle. Spread the boiled Lasagna noodle with olive oil.
5. If Lasagna noodle cools, raise the eggplant on, and spread the fillings over the eggplant.

6. Apply tomato sauce over the fillings, and roll it not to break.
7. Raise Lasagna in a Lasagna container, and pour the remained tomato sauce over the Lasagna.
8. Bake it on the preheated oven to 160℃ for 30~40 minutes.
9. Sprinkle grana padamp cheese over the Lasagna to finish.

Insect powder is not soluble in water nor mixed like the wheat powder, and its particle is stuck to a dough surface so if more than 30g decided in this book is used, the dough is not well done and cut in making noodles. And the perfume of insect become strong so 30g is the most appropriate. Also, select Lasagna noodle and dry the noodle for 1~2 hours, and quit water and insect's smell. The ingredient to fill the Lasagna is mealworm, and mealworm has a spicy taste, so it is recommended to use mealworm.

Funghi Rose Pasta

1. Mince onion and garlic and cut a cherry tomato in half, and mushrooms in bite sized slices.
2. Put onion, celery and carrot, and pour water to boil it on a low heat(simmering) and prepare vegetable stock.
3. Put 1% of salt in a boiling water and boil spaghetti for 5 minutes.
4. Coat the boiled spaghetti with some olive oil, and cool it.
5. Oil a frying pan and put mushroom to the color and oil to coat, and stir-fry garlic, mealworm and a cherry tomato.

6. Put the spaghetti noodles and vegetable stock(1/2 cup), and boil it down on a high heat. If stock boils down to some extent, put rose sauce to adjust its density. (tomato 2 : fresh cream 1)
7. Boil sauce down and season it with salt and pepper, and grate grada padano cheese, and season it finally.

Rose Sauce

1. Stir-fry the minced onion and put the tomato hole mashed with a hand, and boil it on a low heat.
2. Boil it stewed and season it with salt. 3. Add the whipping cream and milk to the tomato sauce. (whipping3: milk2)

Insect powder is not soluble nor mixed in water like wheat powder, with its particle of dough is stuck so if more than 30g decided in this book is used, the dough is well cut and not well massed.

Also, select noodles and dry them for 1~2 hours, and quit its water and insect's perfume. Grasshopper noodle is used for mushroom pasta, and grasshopper is the high protein, but its color is highlighted in making noodles with its color lived with rose sauce.

Here in order to increase more contents of protein the pulverized mealworm was used.

When using mealworm powder, the color of rose sauce becomes opaque with its taste soupy so the pulverized mealworm is used.

Bibida

1. Clean green pumpkin, carrot and cucumber, and julienne them.
2. Clean fern and spinach, and blanch them in a boiling water before squeezing its water.
3. Sprinkle salt to tofu and dry its water before dicing it and coating it with starch for its crispy color.
4. Julienne shiitake and cut oyster in bite sized slices, and stir-fry them on a frying pan.
5. Stir-fry green pumpkin, carrot and cucumber, and season them with salt.
6. Put the minced garlic to the blanched ferm and spinach, and season them with salt to stir-fry them with sesame oil.
7. Put sugar, sesame oil, cricket powder and sesame in gochujang, and stir-fry them.
8. Raise the ingredients on the rice, and gochujang and yellow egg to finish.

When making gochujang, if the amount of cricket powder is exceeded than the decided in the book, its flavor can be soupy. The amount of insect can be calculated in consideration of the recipe.

Sweet Rice Cake & Sweet Rice Cake With Red bean

1. Mdd glutinous rice flour and cricket powder to the ball, and give it water with a spoon.

2. Raise water on a steam pot, and if it boils spray sugar over cotton patch, and steam the ingredients.

3. After 30 minutes, take it out of steam pot and knead it.

4. Cut it in a mouthful size and coat it with powdered soybean.

※How to make chapsal bread

1. The dough of chapsal bread is made in the same way as in inje-olmi.

2. Add cricket powder to the prepared bean sediment, and mix them to round shape.

3. Put the sediment in the center of chapsal bread dough, and cover the sediment with chapsal bread to round and coat its surface with starch.

Notes

The increased amount of cricket powder can damage the taste in the own taste of insect so it is not recommended. Therefore, the most recommended amount was presented. Cricket has iron and gives oxygen to body, and prevents growing children and pregnant women from anemia as a healthy food.

Tofu Cookies

1. Mash 150g of tofu and squeeze its water contents.

2. Julienne 150g of strong flour and 40g of cricket powder, and add 20g of grape seed oil, 60g of sugar, 20g of sesame, 20g of honey and egg, and put tofu to dough.

3. Pause the dough on room temperature for 15 minutes, and roll it in 3mm thick, and cut it in bite sized slices.

4. Apply butter on a frying pan, and add milk.

5. Bake it on the preheated oven to 180~185℃ for 10 minutes.

If more than 40g of cricket powder is put to tofu cookie dough, it has crispy texture and not the special perfume of tofu cookie so it is recommended to keep 40g.

Fried Vegetables

1. Julienne potato, carrot, onion and green pumpkin.
2. Make its dough thick with some water on the frying powder.
3. Put the cricket powder on a dough and julienned vegetable before mixing them and seasoning it with salt.

5. Fry the vegetables doughed to oil of 170℃ in an appropriate size.
6. Put the dough on a hand while frying it, and sprinkle it to the fried with the fried flower.
7. If the fried looks yellowish, take it out and raise it on kitchen towel.

Notes

Fried vegetables can have greasy and fatty taste. However, using cricket powder allows to quit the greasiness but add the spiciness, and while using more than 30g of powder the color of dough become dark and the color of vegetables become invisible so 30g was fitted as the maximum value.

Potato Pizza

1. Slice 160g of potato, and cook it in a boiling water.

2. Add cricket powder, sliced cheese, minced garlic, parmesan cheese, salt and 2 yellow eggs to the whipping cream, and mix them with the blanched potato.

3. Put the mixed ingredients on a pizza pan, and sprinkle mozzarella cheese, and bake it on the pre-heated oven to 180~200℃ for 30 minutes.

4. Slice 40g of potato and fry it on an olive before sprinkle salt.

5. If the color of pizza cheese is made on an oven, take it out and raise it over the cheese sliced in 0.3cm thick and then fried potato chips.

Notes

The reason why cricket powder was used to potato pizza was because pizza has high calorie and fat. Mealworm and cetonia pilifera have 12.7g and 17g of fat respectively, while cricket has only 5.5g. And the reason why the mold of cricket was not used is because still it causes people's aversion and reluctance and the powder was used to minimize it.

Nacho Chip

1. Julienne 40g of cricket powder and 150g of strong flour.
2. Mix the oregano and salt to the julienned cricket powder and strong flour, and divide water to pour and to dough.
3. Pause the dough in a refrigerator for 30 minutes.
4. Roll the paused dough in 2mm with a push bar.
5. Mold it with round plate and shape it.
6. Apply olive oil to both sides of nacho, and bake it on the preheated oven to 180 degree for 10 minutes.
7. Move all the nacho baked to a plate, and sprinkle nacho cheese.

Notes

When doughing nacho, if more than 40g of cricket powder is used, dough is not well done and its taste is so crisp so it is recommended to put 40g of cricket powder.

Egg Cookies

1. Mix the butter with brown sugar and salt and make its cream before mixing the egg 3~4 times and making its perfect cream, and putting vanilla liquid.

2. Put the julienned strong flour, baking powder, mealworm and cricket powder, and mix them with rice paddle to dough.

3. Put the dough in the pod with its small round diameter, and steam it round on a frying pan.

4. Bake it on an oven to 145℃ ~150℃ for 7~10 minutes.

Notes

In order not to damage the perfume and taste of egg cookie, it is necessary to have appropriate amount of powder. This developer found as a result of several practices and experiments that the appropriate mixture of mealworm and 20g of cricket powder can make the harmony in nutritive side and taste and perfume.

Cookie & Cream Affogato

1. Melt vanilla ice cream slightly and make its cream.
2. Add cricket powder(10g) to ice cream 270g, and mix them.
3. Cool the mixed ice cream again, and freeze it.
4. Put ice cream on a plate with a scoop or shape spoon.
6. Spray drizzle over or raise almond topping.
7. Pour espresso shot over the ice cream.

Notes

Put cricket powder to increase the protein contents and make its shape like cook and cream, and its taste also like cookie and cream. Insect protein was added to ice cream whose main nutrient is fat and carbohydrate to give nutritive stability, and a desert was made thinking even its shape.

Pound Cake

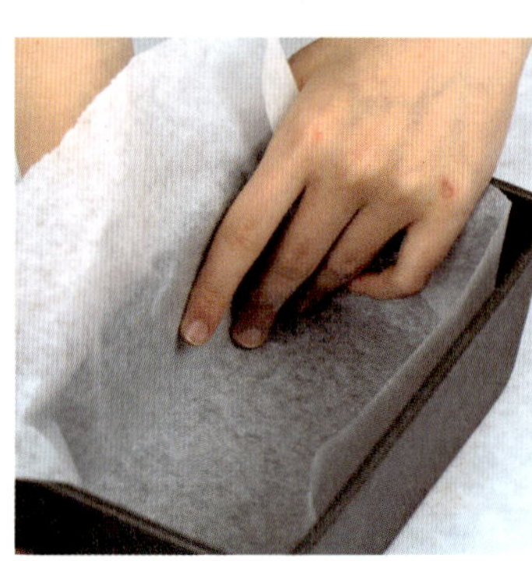

1. Take it out previously at room temperature and put sugar in a softened butter, mixing them evenly with a rice paddle.

2. If butter and sugar is mixed, put the egg whipped, divided on several occasions, and stir it long to be in cream.

3. Put the julienned wheat flour and baking powder into the number 2, and mix them all well to complete a thin dough.

4. Spread parchment paper in bakeware and put the dough in U shape for both edges high and center low.

5. Sprinkle your favorite ape diet on.

6. Bake it on an oven preheated to 170° for 40 minutes.

Notes

It is recommended to use cricket dried or powdered. The reason why it is not used raw is because the texture of live cricket can damage the softness of pound cake. Cricket contains high protein and fat, and unsaturated fatty acids that is good for health.

chef's tip: It is surely recommended to use only weak flour of the wheat powder. Otherwise, you cannot taste the softness of pound cake and also the dough is not well untied.

Corn Flakes

1. Chop a corn finely.
2. Sift 40g of cricket powder, 100g of strong flour, 100g of corn powder and 50g of corn starch.
3. Put 60g of sugar and 100g of starch syrup, and dough it.
4. Roll its thin dough until 1 mm and tear it into bite sized piece.
6. Preheat an oven to 150℃ and bake it about 7~8 minutes.
7. Have the corn flakes and milk mixed.

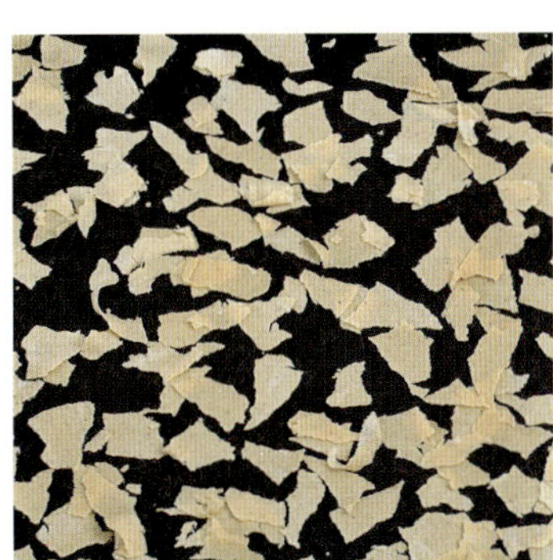

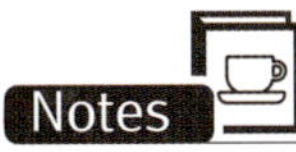

Notes

When doughing flakes if more than 40g of insect powder is exceeded
the dough is not well massed with strong color.
You must cook as much as mentioned in this book.

Walnut Carrot Muffin

1. Beat the egg in the ball with a pastry blender and put sugar, and mix them until the sugar is dissolved.

2. Divide canola oil 4~5 times and mix them well.

3. Mix weak flour, salt and baking powder, and julienne them.

4. Add cricket powder, mealworm powder, grated carrot, minced walnut, sugar powder and cinnamon powder to the dough, and mix them well.

5. Lay the muffin cup parchment paper in a muffin mold and put the dough, and bake it on the preheated oven to 180℃ for 25~30 minutes.

Notes

The reason why the mixed powder was used in the walnet and carrot muffin was because may be the spicy taste of mealworm, but it contains the higher fat than other powder so it was complemented by cricket.

Muesli Bar

1. Melt the butter on a low heat and then the prepared Marshmallow.
2. Put the pulverized insect and muesli in the melted marshmallow in butter, and mix them well.
3. Put the muesli mixed with marshmallow on a silicone paper buttered, and rollo it in a fixed thickness to form.
4. Harden it in a refrigerator and divide it in a bar shape.

Notes

Adding the pulverized mealworm and cricket to the muesli bar did not only increase the protein contents but also tried to have a crispy and spicy texture.

Calzone

Dough(minimum unit of 1kg based)

1. Melt yeast in the checkweighed warm water and mix it with the checkweighed sugar, salt, milk and olive oil.

2. Juliene cricket powder in the wheat powder and mix them, and pour the water with the ingredients as the yeast contents.

3. Dough it for 12 minutes in a douging machine.

4. Put the dough in a vinyl and ferment it on room temperature for 15 minutes before dividing it by 130g.

Calzone

1. Stir-fry onion, mushroom, spinach and insect with salt seasoned.

2. Spread the dough widely with a push bar.

3. Apply tomato sauce on the spread dough.

4. Put mozzarella cheese on the applied sauce and the stir-fried ingredients and spinach.

5. Pile up the dough in semicircular shape and plait the border in a certain interval.

6. Bake it on the preheated oven to 250°C for 15 minutes.

Notes

If the powdered insect is used in the ingredient to fill the calzone, it may taste soupy because of tomato sauce.

If the pulverized mealworm and cricket is used, it may have better texture and reduce the soupy taste.

For 1kg of minimum unit dough, cricket powder can be contained by 50g. If more than 50g is contained, the dough will not be massed and easily torn on the formation of dough. Before doughing, it is recommended to julienne cricket powder. If not filtering it, powders will be massed without dough well done.

Carbonara

1. Put 1% of salt in a boiling water, and boil noodles for 1.30 minutes.
2. Coat the boiled spaghetti with some olive oil, and cool it.
3. Put the onion, celery, carrot prepared and water, and boil them on a low heat(simmering) to prepare vegetable stock.
4. Stir-fry garlic, and put the prepared onion, blanched broccoli and button mushroom, and stir-fry it on a high heat.
5. Put the prepared spaghetti noodles and vegetable stock(1/2 cup), and boil it down on the highest heat. If stock is some boiled, put the cream sauce mixed with whipping cream and milk, and boil them to adjust its density.
6. Season it with salt and pepper.

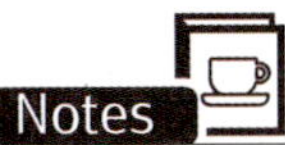

Notes

Insect powder is not soluble and mixed like a wheat powder, and particles are stuck on a dough surface so if more than 30g fixed in this book is made, the dough is not well massed, and cut in noodle making.
And 40g is appropriate because of strong perfume of insect.
Also, after making noodles it is recommended to dry the noodles for 1~2 hours and quit water and the smell of insect.

Seafood and Green Onion Pancake

1. Clean cetonia pilifera larva and mince it in small slices before stir-frying it with the minced garlic.

2. Chop up clam meat, mussel and cocktail shrimp in bite sized slices, and cut a red chilli diagonally.

3. Add water to the pan frying powder and put clam meat, mussel, cocktail shrimp, the fried cetonia pilifera larva, egg and salt to mix.

4. Oil the frying pan and fry the dough, and put green onion and seafood on, and turn it inside again to bake it slightly once again.

Notes

Using the low fat and high protein contained cetonia pilifera is better in nutrient balance than the existing pancake. Also, stir-frying cetonia pilifera with garlic eliminated the special perfume of cetonia pilifera larva.

Sweet Pancakes with Brown Sugar Syrup Filling

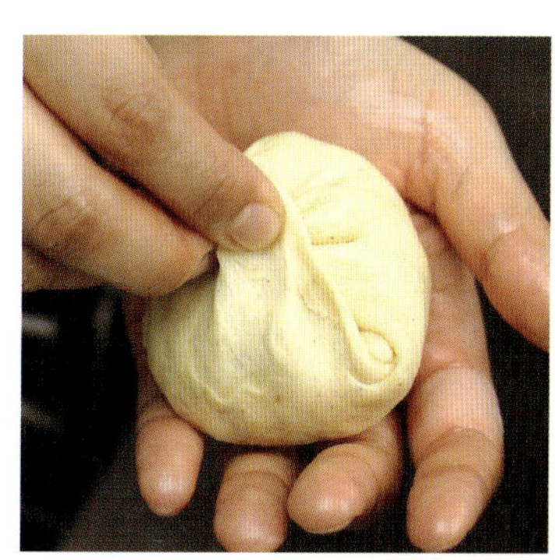

1. Put the wheat powder, salt and sugar and Julienne it, before putting the egg whipped in the milk and mixing them.

2. Put east in a warm water and dissolve it.

3. Put the east dissolved in a warm water in the dough of the number 1 and dough it with both hands and wrap it, and ferment it for 30 minutes.

4. Put larvas of cetonia pilifera, raw sugar, cinnamon powder and the minced ape diet, and prepare the inside.

5. Put the inside of Chinese cake in a dough and suture it carefully to the extent that the inside of Chinese cake is not sticked out before putting it with the sticked part down on a fan with a cooking oil poured enough.

6. When you bake it slowly on a low heat and if the sticked part looks yellowish, turn it inside and press it with a rod of Chinese cake covered by a cooking oil or with a plate whose base side covered by a cooking oil is wide before baking it back and forth to complete.

Notes

The reason why the cetonia pilifera larva powdered was used is because Chinese cake has the lack of protein and the cinnamon powder used in the Chinese cake goes well together with the flavor of the cetonia pilifera larva powdered.

Vegetables Bread

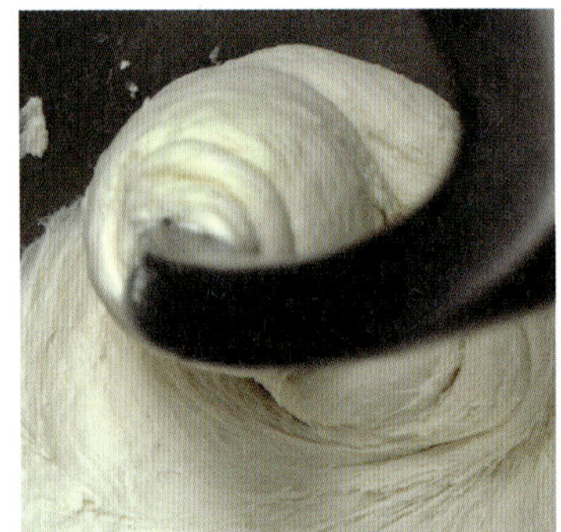

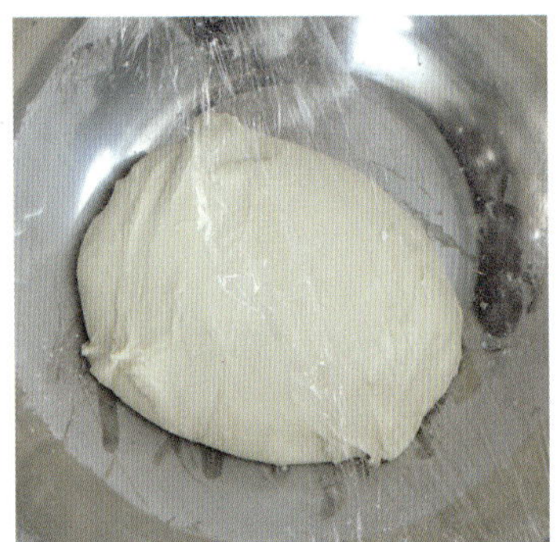

1. Julienne wheat powder and add sugar and salt before putting dry yeast in. Pour some water little by little and dough a bread, and ferment it on a room temperature for 1 hour.

2. Mince all vegetables in bite sized slices, and oil the frying pan before stir-frying vegetables and cetonia pilifera powder and season it with salt and pepper.

3. Put the stir-fried vegetables and cetonia pilifera powder in the ball, and mash the boiled potato and egg to mix.

4. Divide the dough fermented in 60g, and shape it before covering a wet cotton patch and pausing it for 20 minutes.

5. Put vegetable fillings in the dough finished to pause, and coat the dough with water and bread crumbs.

6. Ferment it on a room temperature or fermentation room for 40~50 minutes.

7. Fry croquette to the extent that the bread crumbs should not be burnt to the preheated oil of 160℃.

Notes

The reason why the cetonia pilifera powder that has the highest contents of protein 57.8g by 100g was used to vegetable bread was because the fried bread contained the higher fat than other bread. It is good to bake it on an oven to 180 degree for 20 minutes, but it will be more tasty when frying it on an oil.

Corn Soup

1. Mince corn cone, onion and garlic.

2. Stir-fry the garlic and onion with butter on a frying pan, and then cetonia pilifera powder and corn cone.

3. Put the butter and wheat powder 1:1 on other frying pan, and make roux.

4. Put the stir-fried ingredient in the roux and pour milk, and boil it to adjust the density.

5. If the soup is boiled once, season it with salt and pepper and put it on the other plate.

Notes

Cetonia pilifera has 57.8g of protein by 100g, and in order to quit its own smell it is recommended to stir-fry it with garlic. If cricket and mealworm powder is used, the color of soup can be changed as dark with its taste not delicious so cetonia pilifera powder was used. Cetonia pilifera powder has less strong color than other insects and does not lower appetite.

Anchovy Olio e Aglio

1. Divide a garlic with its own shape in half, and grate Cayenne Pepper with a hand.
2. Put the prepared onion, salary, carrot and water, and simmer it quitely on a low heat, and prepare vegetable stock.
3. Put 1% of salt in a boiling water and boil spaghetti for 1.30 minutes.
4. Coat the boiled spaghetti with some olive oil to cool.
5. Put olive oil in a frying pan, and color garlics yellowish on a low heat.
6. Stir-fry Peperoncini a little for its spicy flavor and put anchovy in to stir-fry.
7. Put the boiled noodles and vegetable stock(about 1/2 cup), and boil it down on the highest heat, and season a little with salt and pepper.
8. If stock is somewhat boiled, season it a little with salt and pepper before putting 5T of olive oil and mix them as quickly as possible so that they can be mixed with the remained stock and emulsifying it.
9. Put the food in a plate and sprinkle it with Parmesan cheese according to your taste to finish.

Notes

Insect powder is dissolved in water like the wheat powder and not mixed with fine particles stuck on a dough surface, and if more than 30g recommended by recipe is exceeded, the dough will not be well massed but well cut in its noodle–making so its excessive use is not recommended. White Cetonia Pilifera larva powdered is not possible to be generated inside so 8 amino acids to consume by food are much contained with much histidine to help relieve allergy symptoms and generate children's blood, and it is a good food for growing children.

Tomato Gazpacho

1. Make cuts in tomato and put it on a boiling water for 8 seconds before cooling it in a cool water to peel.

2. Slice tomato, cucumber, onion, parsley and garlic.

2. Quit the center seed of chilli and slice it.

3. Put the chopped up vegetables, tomato juice, white wine vinegar and cetonia pilifera powder, and in the mixer to grind finely.

5. Put it in a refrigerator and cool it before containing it in a plate and seasoning it with salt and pepper according to your taste.

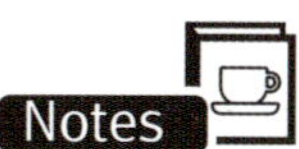

Notes

The reason why cetonia pilifera powder was used to tomato gaspacho was because it maintains the red color of tomato and makes the less change of taste than other powder. Consuming several vegetables allows to consume vitamin and Dietary Fiber, but consuming less protein maximied the consumption of protein with cetonia pilifera powder.

Lemon Madeleine

1. Put egg into the ball and dissolve it before adding the sugar and mixing them well.

2. If the sugar is dissolved, add the julienned weak flour, almond powder, baking powder and cetonia pilifera powder, and mix them.

3. Put the boiled butter and mix them.

4. Grate the lemon bark and put in the dough, and add even the lemon juice.

5. Wrap the completed dough and pause it on a room temperature for 30 minutes.

6. Squeezze the paused dough on a mold a little buttered or oiled by using Jjaljumeoni.

7. Bake it on the preheated oven to 160~170℃ for 10~15 minutes.

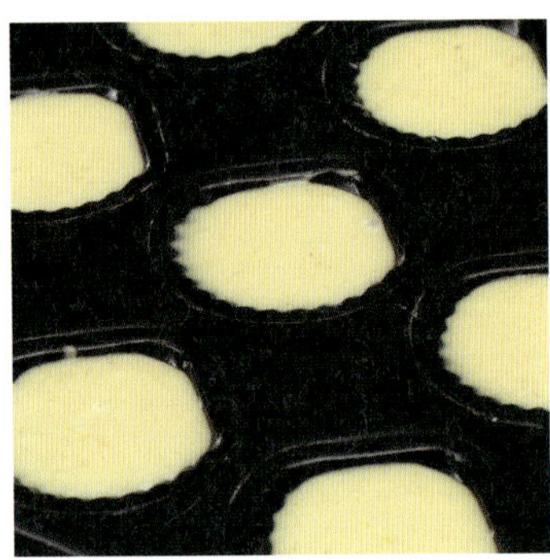

Notes

The reason why the cetonia pilifera powder was used to lemon madeleine was because it can maintain its yellow color of madeleine and maximizes the lacking protein. If you add the seed while squeezing the lemon juice, it may taste bitter and it is not recommended to put the seed.

Cetonia pilifera larva contains glutamic. This amino acids helps the generation of collagen and a good ingredient for women's esthetics.

Mega Crunchy

1. Break cereal and nuts in small slices with hand blenders or knife.

2. Stir-fry nuts except cereal slightly on a frying pan and mix all ingredients in the ball.

3. Boil the chocolate in the ball to melt.

4. Mix cetonia pilifera powder, cereal and nuts in the chocolate boiled and melted.

5. Put it on a mold and harden it in a refrigerator.

Notes

The reason why 50g of the cetonia pilifera powder was used in the mega crunch was to consume the high carbohydrate and protein after an excessive fatigue or a strenuous exercise such as climbing and football.

Chocolate Sticks

1. Julienne strong flour, medium flour, baking powder and sugar and put cold butter and milk, and mass its dough in one.

2. Spread the dough in 0.5cm thick, and pause it in a freezer for 40 minutes.

3. Cut the dough from freezer horizontally in 0.8cm and vertically in 12cm.

4. Bake it in the preheated oven to superior 200℃ and inferior 180℃ for 10 minutes.

5. Slice chocolate and heat it in boiling water of 30~50℃ to melt.

6. Coat straw with chocolate.

7. Add peanuts or almonds to complete.

Notes

Considering that chocolate sticks are in pieces, the nutrient was distributed. Using cetonia pilifera larva powdered with 57g of high protein and glutimic acid amino acids that is helpful to memory and cognitive ability improvement allowed to consume much nutrient even with small amount of chocolate sticks.

Cornish Cream Scone

1. Julienne weak flour, baking powder, coconut powder, sugar and salt.

2. Dough cold butter and milk with weak flour and those julienned ingredients.

3. Add coconut slice to the massed dough.

4. Put the dough in the refrigerator and pause it for 30 minutes.

6. Roll the paused dough in 2cm thick and imprint it with round mold.

7. Bake it on oven temperature of superior heat 180°C and inferior heat 160°C for 15~20 minutes.

Notes

The reason why cetonia pilifera powder was used is bbecause the special perfume of cetonia pilifera powder goes well with the perfume of coconut, and even its color goes similar with general scone than the use of cricket powder or grasshopper powder. First of all, it was selected because it contains the twice to sixth time higher protein than any other insect.

Quiche Lorraine

1. Checkweigh weak flour, grasshopper powder, sugar and salt, and Julienne them.

2. Put the butter on room temperature and cut up in dice sized pieces.

3. Put the dice sized slices of butter in the Julienned powder and mix them as if cut it with a scraper.

4. If the butter is a rice grain sized, put 30g of egg and dough them before massing them and putting them in the vinyl on a refrigerator for 30 minutes to pause.

5. Take out the paused phage and roll it in 3~4mm, and cover it on a pie mold to form. Pick up the doughed base with a fork.

6. Bake it on an oven preheated tp 180℃ for 20 minutes.

7. Mince garlic, chop up onion, cut a cherry tomato in 4 slices, and cut mushroom.

8. Oil the frying pan with a butter, and put garlic, onion, cherry tomato, mushroom and cetonia pilifera larva powdered to stir-fry together.

9. Put fresh cream, plaine yogurt, basil powder, salt, pepper and cheese in the ball and mix them before stir-frying them and putting the cooled ingredients, mixing them and seasoning with Parmesan cheese powder.

10. Pour the filling into the biscuit fire phase and put them again in the oven, and bake them for 20 minutes.

11. Cut them in bite sized slices.

In case of Quiche Lorraine, dough and filling are separately made, and dough contains much butter so put less fat grasshopper powder 10g instead of wheat powder. When your stir-frying ingredients for the filling, add cetonia pilifera larva powder together and the special perfume of cetonia pilifera fades away, and it is possible to use the abundant protein of cetonia pilifera larva in the food so cetonia pilifera larva and grasshopper powder were used.

Cinamon Marble Cookie

Cinnamon Grasshopper Dough

1. Julienne weak flour, amond powder, sugar powder, brown sugar, cinnamon powder and grass hopper powder.

2. Mix the butter, as if mashing it, with the powder.

3. Add milk to mass it in one dough.

2. Harden the dough in a refrigerator for 30 minutes.

Cetonia Pilifera Dough

1. Julienne weak flour, baking powder, sugar powder and Cetonia Pilifera powder and put the butter on before slicing it with a scrapper.

2. Add Egg yolk and water to the number 1 and knead it with a palm of hand before massing it in one dough.

3. Harden it in a refrigerator for 30 minutes.

4. Add some of cinnamon dough to cetonia pilifera dough and make it in a cylinder shape before rolling it in parchment paper and hardening it in a refrigerator for 1 hour.

5. cut the dough about in 0.5cm and pan it.

6. Bake it on the preheated oven of superior heat 180°c and inferior heat 160°c for 12~15 minutes.

Notes

Insect powder is not soluble in water, and not well mixed with other ingredients so you should be careful that if the exceeded amount of it can result in the soupy taste of cookie and the dough not agglomerated.

Egg Fried Rice

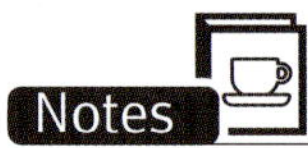

1. Mince onion, carrot, stalk of a garlic, cabbage, garlic and leek, and ginseng.

2. Oil the hot frying pan and stir-fry ginseng and garlic, and put the dried mealworm and red ant, and stir-fry it slightly.

3. Oil the hot frying pan, and beat the egg. The Paenning dough remain mike(B) give a lightly paint.

4. Put the minced garlic, onion, carrot, stalk of garlic and cabbage, and stir-fry it on a high heat, and season it with salt, pepper and soy sauce.

5. Cool the rice and mix it with other stir-fried ingredients.

6. Finally, put leek, mealworm and red ant, and stir-fry it slightly.

When adding insect, it is recommended to keep the fixed amount in the recipe.

If the amount of red ant is exceeded, the color of fried rice becomes black. If mealworm is used as powder, the taste of fried rice becomes soupy, so it is recommended to use the pulverized mealworm.

California Roll

1. Prepare onion finely chopped and cut a cucumber in slices to the laver size.

2. Cut the meat inside a razor clam in a half and adjust it to a cucumber size, and divide a cheese in 4 long slices.

3. Wash radish sprouts in a clean water and cut avocado in half extracting seed before removing peel and julienning it in slices.

4. Put Furikake, sesame oil and a red ant in a rice, and mix them all.

5. Make mealworm and wasabi-mayo (mealworm powder +tuna +wasabi+sugar) and prepare it.

6. Wrap a laver bed and spread out a laver, coating the rice prepared equally on a tough part and turning it inside.

7. Put a cucumber, cheese, mealworm wasabimayo, the meat inside a razor clam, radish sprouts and avocado and roll the laver bed, and fit it in a rectangular shape.

8. Cut good slices of roll in a good size and coat it evenly with a Flaying Fish Roe to finish.

Mealworm and a red ant was used to roll to the spicy flavor of mealworm and special flavor of a red ant.

Mealworm powder with the similar particle was used to mix soft particle of wasabi and mayonnaise easily.

The contents of mealworm powder were increased even to 18~20g as possible for the more spicy flavor. Please be careful that the flavor of a cooked food can be changed if more than 1.5g of a red ant is put.

Bubble Choux

1. Pour water on a pot, and put butter, sugar and salt to heat until it boils.

2. Put out a fire once it boils, and add the julienned wheat powder and insect powder.

3. Put the pot again on a low heat, and dough it with a wooden rice paddle at a rapid speed.

4. Move the dough to other container, and cool it on a cool place.

5. Put the cooled dough again to the pot and add egg to dough with a wooden rice paddle at a rapid speed.

6. Put the dough on a jjaljumeoni and steam it in an oven pan at a fixed interval.

7. Bake it on 200~220℃ for 10 minutes.

8. Check the well inflated choux and turn off the oven, and put out the remained vapor in the choux because of the remained heat.

9. Make a hole in Choux base and charge it with the prepared ant raw cream.

If more than the fixed amount of cricket powder, Choux will not be inflated so you must keep it. And it is recommended to use not the pulverized one but the powdered one.

Pizza Dough Recipe

 파스타 반죽과 제면

1. 세몰라와 식용곤충파우더, 소금을 작업대위
   에 놓고 화산모양으로 만든다.
2. 가운데 파여진 부분에 계란과 오일, 약간의
   물을 넣고 반죽과 섞이도록 포크로 저어준다.
3. 어느 정도 섞은 후 손으로 뭉치며 반죽한다.
4. 반죽의 상태를 보고 물을 조금씩 더 넣어준다.
5. 다 뭉쳐지면 동그랗게 만들어 오일을 바르고
   랩핑해 상온에서 30분 정도 휴지시킨다

반죽할 때는 방해되는 요소가 없도록 주변을 깨
끗이 정리해야한다.
작업대 위에 흘러있는 물이나 오일이 없어야 정
확한 계량을 통한 반죽이 가능하다.
초반에 반죽하며 생기는 가루들은 모두 반죽으
로 다시 합쳐준다.
몸의 무게를 이용해 안에서 밖으로 밀어준다는
느낌으로 반죽한다.
물은 정량 다 쓰지 않고 반죽의 상태를 보며 최소
한으로 쓴다.
반죽을 완성하면 공기를 최대한 빼고 랩핑해 휴
지시켜야 숙성이 잘된다.

재료(Ingredient)	밀웜	귀뚜라미	메뚜기	꽃무지유충	꽃무지+메뚜기
곤충(Insects)	20g	15g	20g	20g	20g+20g
세몰라(Semola)	125g	125g	125g	125g	250g
물(Water)	7g	10g	10g	10g	45g
오일(Oil)	–	2.5g	2.5g	2.5g	5g
소금(Salt)	2.5g	2.5g	2.5g	2.5g	5g
계란(Egg)	50g/1개	50g/1개	50g/1개	50g/1개	70g/2개
Chef's tip	밀웜은 지방함유량이 높아 올리브 오일을 따로 넣지않는다.				계란 하나는 모두 쓰고, 다른 하나는 노른자만 쓴다.

※참고 : 1인분기준 세몰라 125g

1. 30분간 휴지시킨 면 반죽을 밀방망이로 늘린다.
2. 제면기 두께를 0으로 맞춰 반죽을 늘린다.
3. 면을 펼칠 때는 두 번을 제면기로 늘려야 하며 한번은 바로 늘리고 두 번째는 반으로 접어서 늘려야한다. 탈리에리니는 두께를 4까지 펼치고 페투치네는 5까지 펼친다. 라비올리, 라자냐면은 6까지 펼친다.
4. 잘 펴진 면을 30cm 길이 정도로 자른다.
5. 준비된 면을 원하는 파스타의 형태로 뽑는다.
6. 제면된 면은 약간의 세몰라를 발라서 면끼리 붙지 않도록 한다.

Chef's tip

1. 제면기가 없는 경우 밀방망이로 밀어줘도 무관하다.
2. 제면기의 두께는
   0~9로 나눠진다. 0=4.8mm,
   4=2.92mm, 5=2.45mm, 6=1.98mm로
   0에서 숫자가 올라갈수록 대략 0.47mm씩 두께가 얇아진다.
3. 면을 제면기로 뽑을 때 0에서부터 차례로 반죽을 밀어야 반죽이 끊어지지 않는다.
4. 반죽을 반으로 접어 밀면 길이와 두께가 일정해진다.
5. 면의 두께는 개인의 취향에 따라 바꿔도 무관하다.
6. 완성된 면은 생면으로 먹어도 되나 완전 건조시키면 보관이 용이하고 수분이 증발하며 곤충 특유의 향이 없어지므로 건조된 면을 권장한다.

현재의 식량난, 물 부족 현상
그리고 식자원 사용의 **빈익빈 부익부 현상**은 점점 심해질 것

유난히도 더웠던 작년 여름 도심 아스팔트를 걷다 마주친 사마귀 한 마리에 다리가 굳어 잠시 길을 멈췄다. 길 정 중앙에 자리를 잡고 앉아 있는 7cm 남짓의 녹색 카리스마는 도시인들로 하여금 걸음을 멈추고 피해가게 하기에 충분했다. 문득 날벌레 한 마리에도 몸을 움츠리는 내 자신을 보며 도시화와 인식의 변화가 나를, 그리고 지구촌 사람들의 인식을 얼마나 바꿔 놓았는지 다시금 생각하게 되었다.

곤충 채집망 하나를 들고 들과 산을 쏘다니며 온 동네 곤충이란 곤충은 다 잡아 집에 가져와 키우겠다고 떼를 썼던 내 유년 시절의 꿈은 "한국의 파브르"였다. 가족여행을 가면 어른들과 함께 소주 대병에 잡은 메뚜기를 프라이팬에 소금과 함께 볶아 간식처럼 먹으며 좋아했고, 등굣길 심어놓은 사루비아 꽃의 꿀을 누나와 함께 벌보다 많이 빨아먹던 내 유년시설 분명 곤충은 내게 있어 익숙하고 친근한 생활 속의 존재임이 분명했었다.

의료과학과, 산업화에 따른 대량생산 그리고 식품과학의 발전으로 인해 인류는 그 어느 때보다 풍요로운 삶을 누리고 있으나 이러한 풍요로움은 이제 부메랑이 되어 인류의 식량 수급을 위협하는 요인이 되고 있다. 2014년 현재 65억의 세계 인구는 2050년 90억을 넘어설 것이 확실시 되고 있으며 이에 따라 현재의 식량난, 물 부족 현상 그리고 식자원 사용의 빈익빈 부익부 현상은 점점 심해질 것으로 예상되고 있다. 인간이 살아가는데 있어 필요한 5대 영양소 중 하나인 '단백질'은 현재까지 90% 이상이 육류와 어류를 통해 섭취되고 있으나 현재 생태계에 존재하는 개체수와 인공사육을 통한 생산을 합쳐도 세계 인구증가 속도를 따라가기에는 역부족이다. 수산물 대국 노르웨이 수산부 차관 아문드 링달은 2050년까지 지구촌 식량을 현재보다 60%이상 늘려야 수산물 수요를 맞출 수 있다고 우려하였다. 그러나 이처럼 증가하는 식량 수요에 대한 공급은 그리 원활하지 못할 것으로 예측되고 있다. UN은 2050년 세계 어류 자원의 70% 이상이 멸종될 것으로 예상하고 있으며 전세계 농토의 50% 이상이 곡물재배 또는 육류 단백질 원 사료를 위한 곡물사료 재배에 사용되어 황폐화될 것으로 예측하고 있다. 또한 이러한 단백질 원 사육 및 곡물사료 재배에 사용되는 물의 양은 기하급수적으로 증가하며 인류의 식수난을 가속화 시키고 있다. 인간이 섭취하는 식품군 중 가장 많은 물을 소비하는 소고기는 1kg를 만들기 위해 14500 리터의 물이 사용되며 이러한 물의 양은 아프리카와 같은 물 부족 국가에 거주하는 사람이 하루 평균 사용하는 20리터 물의 725배에 달하는 양이다. 단백질 원과 물에 대한 소비욕구가 공급을 넘어서며 육류 고기의 가격은 해마다 오르고 있고 이는 결국 식량자원 사용의 빈익빈 부익부 현상을 가져오고 있다. 우리가 흔히 섭취하는 육류 단백질원인 삼겹살이 아프리카의 빈곤층에게는 수개월에 한 번도 먹기 힘든 음식이라는 것은 머리로는 이해가 가나

받아들이기 쉽지 않은 사실이다. FAO(2012)는 "세계 식량 불안 상황(SOFI)보고서에서 전 세계 굶주리는 사람이 8억 7천만 명이며 먹지 못해 저체중인 다섯 살 이하 어린이가 1억 명에 달한다고 보고했다. 이러한 식량부족에 따른 기아는 비단 몇몇의 특정 저개발 국가만의 문제가 아니라 가까운 미래 전세계, 한국의 문제일 수 있다. 중국은 산하제한 정책을 완화하여 현재 14억 인구를 유지 또는 증가 계획하고 있으며 인도 역시 12억에 달하는 인구를 유지하는 정책을 가지고 있다. 본 저자 외 UN 식량기구 그리고 세계 전역에 있는 뜻있는 연구자들 모두 여기서 문제의 제기를 하게 되었을 것이다. "육류, 어류 단백질을 대체할 수 있는 단백질 대체 식"은 불가능한 것인가? "육류 단백질만큼 풍부한 단백질과 영양성분을 가지고, 사육기간이 짧으며, 유전자변이 등의 인공변이가 아닌 친환경적이며, 불필요한 물의 사용을 줄이고, 사육에 들어가는 비용과 면적이 적으며 인류의 즐거움인 미식을 유지할 수 있는 식품" 이라는 듣기에 존재하지 않을 것 같은 완벽에 가까운 대체 식품을 찾으려고 노력했고 그 결과는 그리 멀리 있지 않았다. 본 곤충식(Edible Insects) 연구를 하며 이런 생각을 하게 되었다. "어쩌면 자연은 인류가 마주하고 있는 지금의 식량난과 물 부족현상의 해답을 오래 전부터 인류에게 주었는지도 모르겠다고".

본 저서는 분명 조리 레써피 책이다. 그러나 어느 일반 레써피 책과는 그 시작과 목적이 다르다. 무슨 거창한 세계를 구하는 식품개발! 이라는 표현은 쓰고 싶지 않다. 세상에 아무도 시도하지 않은 조리법의 발견! 이라는 표현은 더더욱 아닐 것이다. 그러나 인류가 직면한 식량난과 물 부족현상 그리고 기아에 고통받는 사람들에게 조그만 희망이 될 수 있다면 그것으로 만족한다. 인간이라면 누구나 가져야할 "식"의 권리와 인류가 발전시킨 "조리법"이라는 다양한 조리 방법을 통해 전 세계 누구나 손쉽게 맛있고 영양이 풍부한 식용곤충 요리를 먹을 수 있는 날을 기대해 본다.

2014. 8. 18 Prof. 김용욱

Reference

유정미, 황재삼, 구태원, 윤은영. (2013). 국산 및 중국산 갈색 거저리(Tenebrio molitor)의 영양성분 및 유해물질 비교분석. 한국식품영양과학회지. 42(2): 251

조경희. (1994). 전자레인지에 의한 고기 조리 시 전자파가 크기가 다른 고기에 미치는 영향. 한국조리과학회지 제 10권 제 2호
강성주. (2013). 벼메뚜기 시험연구사업보고서(unpublished). 농업진흥청. Retrieved July 15, 2014.

안미영, 김영식, 류강선, 김익수, 이희삼, 이병무, 이수환, 이응기(2004). 귀뚜라미의 기능성 검정 및 새로운 용도 개발. 농업과학기술원. 250–269

정미연, 황재삼, 구태원, 윤은영(2013). Analysis of general composition and harmful material of protaetia brevitarsis. Journal of life science 2013. No.5.664–668

www.thailandunique.com
http://www.thailandunique.com/edible-insects-bugs/edible-weaver-ants

참고문헌 (Bibliography)

NEWSIS. (2011). "세계인구 증가 추이". Retrieved July 14, 2014, from
http://www.newsis.com/gallery/view.htm?cID=1&pID=1&page=1&s_skin=&s_date=&e_date=&s_k=&pict_id=NISI20111016_0005304340

World Population statistics. (2014). World population. Retrieved July 16, 2014, from
http://www.worldpopulationstatistics.com/category/world/

United Nations. (2013). World Population Prospects: The 2012 Revision(Working Paper). New York, USA. United Nations: Department of Economic and Social Affairs, Population Division.

Dobermann, A., Wopereis, M., & Tohme, J. (2010). Global Rice science partnership, 11–13. Retrieved July 4, 2014 from

World population statistics. (2013). Africa population. Retrieved July 16, 2014, from
http://www.worldpopulationstatistics.com/africa–population–2013/

World Hunger Education Service. (2012). World Hunger and Poverty Facts and Statistics. Retrieved July 20, 2014 from
http://worldhunger.org/articles/Learn/world%20hunger%20facts%202002.htm

World Health Organization. (2006). WHOSTAT2006, Life expectancy at birth. Geneva, Switzerland: World Health Organization press.

Rousson, V., & Paccaud, F. (2010). A set of indicators for decomposing the secular increase of life expectancy. Retrieved June 23, 2014 from
http://www.pophealthmetrics.com/content/8/1/18

Statistics Korea. (2015). Life expectancy at birth. Retrieved June 24, 2014 from
http://kosis.kr/nsportalStats/nsportalStats_0102Body.jsp?menuId=6&NUM=156

World Health Organization. (2014). World health statistics. Geneva, Switzerland: World Health Organization press. 42–43.

UN–World Mortality Report. (2013). Table of mortality indicators in 1990–1995 and 2010–2015, by country or area 2013. 73–83.
http://www.un.org/en/development/desa/population/publications/pdf/mortality/WMR2013/World_Mortality_2013_Report.pdf

United Nations. (2004). WORLD POPULATION TO 2300. New York, USA. United Nations: Department of Economic and Social Affairs, Population Division.

MISSIONEWS. (2010). "선진국 인구 감소, 2011년 세계 인구 70억 넘을 것". Retrieved June 28, 2014 from
http://www.missionews.co.kr/lib/28955

Statistics Korea. (2014). Total Fertility Rate. Retrieved July 15, 2014 from
http://kosis.kr/statHtml/statHtml.do?orgId=101&tblId=DT_2KAA207&vw_cd=MT_RTITLE&list_id=UTIT_ASEM_

Luxmen. (2011). "2030년 인구 대국 인도의 가능성" Retrieved July 21, 2014 from
http://luxmen.mk.co.kr/view.php?sc=51100006&cm=Global&year=2011&no=338546&relatedcode

African Development Bank Group. (2011). The Middle of the Pyramid: Dynamics of the Middle Class in Africa. Tunis, Tunisia.

Special to CNN, (2011) Three stories from Africa's drought, famine : by joy Protella Retrieved July 21, 2014 from http://edition.cnn.com/2011/WORLD/africa/07/21/africa.famine.voices/index.html

Murat Deveci and and Fusun Ekmekyapar (2008). Environmental Problems Induced by Pollutants in Air, Soil and Water Resources, Environmental Technologies, E. Burcu Ozkaraova Gungor (Ed.), :InTech, from: http://www.intechopen.com/books/environmental_technologies/environmental_problems_induced_by_pollutants_in_air__soil_and_water_resources

United Nations , (2014)The United Nations world water development report, New York, USA. United Nations : World Water Development Report

Population Action International , (2003) , FactSheet 23: How Demographic Transition Reduces Countries' Vulnerability to Civil Conflict, Washington DC, USA

The Korea Meteorological Administration, (2012) , Climate change of the Korean Peninsula, Seoul, South Korea

Kim, G. R (2011), Rural Vision in South Korea, Unpublished doctoral dissertation, Kangwon National University, Gangwon, South Korea

Federal Emergency Management Agency, 2008, Water Supply Systems and Evaluation Methods Volume II: Water Supply Evaluation Methods, New York , USA

Ministry of Environment , (2011), national waterworks information system Retrieved July 23, 2014 from http://www.waternow.go.kr/openPage.do?OPENCODE=MENU_STAT01

Ministry of Environment , (2012), Modularization of Koreas Development Experience: Small–scale Waterworks and Sewerage System, Seoul, South Korea from   http://attfile.konetic.or.kr/konetic/xml/THEMA_INFO/13335_2.pdf

Ministry of Environment , (2010), national waterworks information system Retrieved July 23, 2014 from http://www.waternow.go.kr/openPage.do?OPENCODE=MENU_STAT01

Pavel Kabat, 2013, [Special Report] 세계의 미래 물 시나리오 , (104):6 Seoul, South Korea : Water Journal

Church, J.A., J.M. Gregory, P. Huybrechts, M. Kuhn, C. Lambeck, M.T. Nhuan, D.
Qin, P.L. Woodworth (2001) Changes in sea level.(ed.): Cambridge University Press Cambridge, New York from http://homepages.vub.ac.be/~phuybrec/pdf/IPCC.Ch11.2001.pdf

OECD, (2012), OECD ENVIRONMENTAL OUTLOOK TO 2050: The Consequences of Inaction , Paris, France, the OECD and the PBL Netherlands Environmental Assessment Agency

International Water Resources Association (2003) Virtual Water – the Water, Food, and Trade Nexus Useful Concept or Misleading Metaphor?, (28)1 4–9 NewYork, USA

참고문헌 (Bibliography)

Water Footprint Network (2011), The Water Footprint Assessment Manual Setting the Global Standard,(ed) Arjen Y. Hoekstra, Ashok K. Chapagain, Maite M. Aldaya and Mesfin M. Mekonnen : Earthscan

Yoon, G.C , (2009), 대단한 바다여행 (ed), Seoul, South Korea : Pooreungil

CNN. (2014). Syrian children dying of hunger. Retrieved June 15, 2014, from
http://edition.cnn.com/2014/02/05/world/syria-children-dying-hunger/

Food and Agricuiture Organization. (2009). The state of food insecurity in the world. Rome, Italy.

Food and Agricuiture Organization. (2011). GLOBAL FOOD LOSSES AND FOOD WASTE-EXTENT, CAUSES AND PREVENTION. Rome, Italy.

United Nations International Children's Emergency Fund. (2012). Levels & Trends in Child Mortality. New York, United States of America.

World Food Programme. (2013). Who are the hunger?. Retrieved July 15, 2014, from
http://www.wfp.org/hunger/who-are

World Food Programme Korea. (2014). What is hunger?. Retrieved July 20, 2014, from
http://ko.wfp.org/%EA%B8%B0%EC%95%84%EB%9E%80/%EA%B8%B0%EC%95%84%EB%9E%80

Humanitarian Information Unit. (2008). Africa: Conflicts Without Borders Sub-national and Transnational. January 2007-August 2008. Retrieved July 28, 2014

Government Communication Affairs Office. (2011). Ethiopian Geography, Climate and Environment. Retrieved July 29, 2014, from
http://www.gcao.gov.et/index.php?option=com_content&view=article&id=66%3Aethiopian-geographyclimate-and-environment&catid=59%3Ageographyclimateenvironment&Itemid=156&lang=en&showall=1

IF AMERICANS KNEW. (2014). ISRAELIS AND PALESTINIANS KILLED IN THE CURRENT VIOLENCE. Retrieved July 30, 2014, from
http://www.ifamericansknew.org/stat/deaths.html

Independent Evaluation Group. (2013). The World Bank Group and the Global Food Crisis.

World Food Programme. (2014). What causes hunger?. Retrieved July 15, 2014, from
http://www.wfp.org/hunger/causes

Swiss Re. (2014). Natural catastrophes and man-made disasters in 2013: large losses from floods and hail; Haiyan hits the Philippines. Zurich, Switzerland. 17-18.

Save the Children. (2013). HUNGER IN A WAR ZONE: THE GROWING CRISIS BEHIND THE SYRIA CONFLICT. Washington, D.C., United States of America.

Leadinafrica. (2010). The fight against hunger in africa: A figurative snapshot.
Population Institute. (2010). 2030: The "Perfect Storm" Scenario. Washington D.C, United States of America.

Population Reference Bureau. (2013). 2013 World Population Data Sheet. Washington D.C, United States of America.

W, Martin,. & E, Fukase. (2014). Who Will Feed China in the 21st Century? Income Growth and Food Demand and Supply in China(Working Paper). Washington D.C, United states of America: World Bank Policy Research

United States Department of Agriculture. (2012). China's Volatile Pork Industry. Washington D.C, United states of America

United Nations—Energy. (2006). Sustainale Bioenergy: Framework for Decision Makers. New York, United Stats of America.

Food and Agriculture Organization. (2011). The Stats of Food Insecurity in the World. Rome, Italy

United Nations. (2011). The Global Social Crisis. New York, United States of America.

Japan External Trade Organization. (2013). 米国食糧及びバイオ燃料生産の現状と課題. Tokyo. Japan

Organisation for Economic Cooperation and Development, Food and Agriculture Organization. (2007). OECD—FAO Agricultural outlook 2007–2016. Paris. France

United Nations—Energy. (2006). Sustainable Bioenergy: Framework for Decision Makers. New York, United Stats of America.

Intergovernmental Panel on Climate Change. (2013). Clamate change 2013. Paris. France

Intergovernmental Panel on Climate Change. (2014). Climate Change 2014: Impacts, Adaptation, and Vulnerability. Paris. France

Korea Rural Economic Institute. (2012). 기후변화가 식량공급에 미치는 영향분석과 대응방안, Seoul, South Korea

Food and Agricuiture Organization. (2013). Edible insects: future prospects for food and feed security. Rome, Italy.

Canadian Society for Exercise Physiology. (2011). How much do you need?. Ottawa. Canada.

Lester R. Brown. (2012). Full Planet, Empty Plates. New York, United States of America

Food and Agricuiture Organization. (2013). Edible insect: Future prospects for food and feed security. Rome, Italy.

Rural Development Administration. (2014). 곤충, 우리 식탁 먹거리로 오른다. Retrieved July 31, 2014.
http://www.rda.go.kr/board/board.do?mode=view&prgId=day_farmprmninfoEntry&dataNo=100000554643

Huis, A. V., Itterbeeck, J. V., Klunder, H., Mertens, E., Halloran, A., Muir, G., & Vantomme, P. (2013). Edible insects : Future prospects for food and feed security. Rome, Italy. Food and Agriculture Organization. xiii–1, 35–39. 1p

Yang, S. W, (2012). 잔디해충 관리와 농약. Sung—Nam. South Korea : Korea Turfgrass Research institute

Kim, N. J, Kim, M. A, Kim, J. H, Kim, S. H, Kim, W. T, Kim, J. H, Jung, M. P, Park, H. C, Yoon, H. J, Lee, J. S, Choi, Y. C, Cho, C. S. (2012). 곤충사육메뉴얼. Se—Jong, South Korea : Ministry of Agriculture, Food and Rural Affairs

참고문헌 (Bibliography)

Daniel L. Mahr, Paul Whitaker & Nino Ridgway. (2008). Biological control of insect and mites. Wisconsin, United Stats of Amrica: Wisconsin university

McGavin, G. C. (1997). Expedition Field Techniques INSECTS and other terrestrial arthropods. London. United Kingdom

Park, S. J, Park, Y. J, Lee, D. H, Lim, H. M, Jung, S. W, Choi, J. G, Seo, J. H. (2012). 한국의 곤충. Incheon, South Korea : National Institute of Environmental Research

Huis, A. V., Itterbeeck, J. V., Klunder, H., Mertens, E., Halloran, A., Muir, G., & Vantomme, P. (2013). Edible insects : Future prospects for food and feed security. Rome, Italy. Food and Agriculture Organization. xiii–1, 35–39. 6p

Choi, Y. C. (2011). 곤충이 돈 되는 시대 황금알 낳는 곤충산업. Seoul, South Korea: The Korean Federation of Science and Technology Societies.

Erens. jess, Es van. Fay, Kapsomenou. Eleni, Luijben. Andy. (2012). A Bug's Life: Large–cale insect rearing in relation to animal welfare, Wageningen, Nederland: wageningen university

Wall Street Journal. (2011). The Six–Legged Meat of the Future. Retrived June 13, 2014 from http://online.wsj.com/news/articles/SB10001424052748703293204576106072340020728

Huis, A. V., Itterbeeck, J. V., Klunder, H., Mertens, E., Halloran, A., Muir, G., & Vantomme, P. (2013). Edible insects : Future prospects for food and feed security. Rome, Italy. Food and Agriculture Organization. xiii–1, 35–39. 63p
Worldwatch Institute. (2011). Meat Production and Consumption Continue to Grow. retrieved oct 11, 2011 from http://vitalsigns.worldwatch.org/vs-trend/meat-production-and-consumption-continue-grow-0
Huis, A. V., Itterbeeck, J. V., Klunder, H., Mertens, E., Halloran, A., Muir, G., & Vantomme, P. (2013). Edible insects : Future prospects for food and feed security. Rome, Italy. Food and Agriculture Organization. xiii–1, 35–39. 67p
BBC. (2014). How insects could feed the food industry of tomorrow. retrieved June. 28. 2014. from http://www.bbc.com/future/story/20140603-are-maggots-the-future-of-food
Byeon, Y. W, Kim, J. H, Kim, H. Y, Choi, J. Y, Choi, M. Y. (2012). 하늘이 내린 적, 천적. Jeollabuk–do Province , South Korea
Worldwatch Institute. (2009). Livestock and Climate Change cow, pigs, and chickens?. Washington, D.C, United Stats of Amrica
Choi, J. Y, Shin, E. S. (1999). 국토환경용량을 고려한 축산오염 관리방안 연구. Seoul, South Korea : Korea Enviroment Institute

Park, S. J, Park, Y. J, Lee, D. H, Lim, H. M, Jung, S. U, Choi, J. G, Seo, J. H. (2012). 우리 주변에서 쉽게 찾아보는 한국의 곤충, Incheon, South Korea : National Institute of Environmental Research

Cho–sun Ilbo. (2009). 첨단농업 현장을 가다: 친환경곤충 '등에등에'. Retrieved, June 29, 2014 from https://economyplus.chosun.com/special/special_view_past.php?boardName=C13&t_num=4147&myscrap=&img_ho=61.

Joseph W. Diclaro II and Phillip E. Kaufman2. (2009). Black soldier fly Hermetia illucens Linnaeus. Florida, Uruguay: University of Florida
중앙일보. (2011). 파리를 일꾼으로 활용 … 가축 분뇨를 비료로. retrieved June 30, 2014. from http://article.joins.com/news/article/article.asp?total_id=5240063&cloc=olink|article|default
John L, Obermeyer & Robert J, O'Neil. (2010). Biological Control: Common Natural Enemies. State of Indiana, United States of America: Purdue Extension.
Organization for Economic Cooperation and Development. (2012). OECD Environmental Outlook to 2050. Paris, France.

Kang, H. C. (2010). SERI 경제포커스 (307). Seoul. South Korea : Samsung Economic Research Institute.

United Nations. (2010). 사람과 생명을 위한 물. New York, United States of America.

Water Journal. (2014). "'물발자국'개념 도입 필요하다" Retrieved July 1, 2014 from http://www.waterjournal.co.kr/news/articleView.html?idxno=19585

A. Y. Hoekstra. (2003). Virtual Water Trade; Proceedings of the International Expert Meeting on Virtual Water Trade. States of Illinois. United States of America: Integrating the Healthcare Enterprise.

M. M. Mekonnen and A. Y. Hoekstra.. (2011). The green, And grey water footprint of crops and derived crop products.

Water Journal. (2014). "'물발자국' 개념 도입 필요하다" Retrieved July 1, 2014 from http://www.waterjournal.co.kr/news/articleView.html?idxno=19585

J. A. Allan. (2012). 보이지 않는 물 가상수. 서울특별시. 한국: 동녘사이언스

Huis, A. V., Itterbeeck, J. V., Klunder, H., Mertens, E., Halloran, A., Muir, G., & Vantomme, P. (2013). Edible insects : Future prospects for food and feed security. Food and Agriculture Organization. xiii–1, 35–39, 105, 159.

Cerritos, R. (2009). Insects as food : an ecological, social and economical and economical approach. CAB Reviews: perspectives in Agriculture, Veterinary Science, Nutrition and Natural Resources, 4(27): 1–10

MBCNEWS. (2013). '곤충 레스토랑' 뜬다. 이제는 식량자원으로?. Retrieved July 7, 2014 from http://imnews.imbc.com/weeklyfull/weekly04/3365757_12312.html

Chosun Newspaper. (2014). "곤충, 식탁에 오른다. 갈색거저리 애벌레 첫 식품허가. Retrieved July 7, 2014 from http://news.chosun.com/site/data/html_dir/2014/07/18/2014071800425.html?Dep0=twitter

Herz, R. (2012). That's disgusting: unraveling the mysteries of repulsion. New York, USA, W.W. Norton & Co.

Raudenbush, B., & Frank, R. A. (1999). Assessing Food Neophobia: The Role of Stimulus Familiarity. Academic Press.

Martins, Y., & pliner, P. (2006). "Ugh! That's disgusting!" : Identification of the characteristics of foods underlying rejections based on disgust. Elsevier publish.

Rozin, P., & Fallon, A. E. (1987). A perspective on disgust. Psychological Riview, 94, 23–41.
EBS 아이의 밥상 제작팀. (2010). 아이의 식생활. 지식채널 출판사

Chae, B.S, (1998) 영양학사전(ed) Seoul, South Korea :Academic Books
Korean Society of Food Science and Technology, (2004) 식품과학기술대사전 (ed), seoul, South Korea

United nations, (2010) The Millennium Development Goals Report Newnork, NewYork, USA

참고문헌 (Bibliography)

Nam, J.H, (2000) 여러나라 곤충의 자원화와 그 이용 (ed) Seoul, South Korea : Seoul National University Published

Rural Development Administration, (2011) RDA World Focus (1) Jeolla, South Korea

Ramos Elorduy, J. (1997) The importance of edible insects in the nutrition and economy of people of the rural areas of Mexico. Ecology of Food and Nutrition, 36: 347.366.

Mignon, J. (2002) L'entomophagie: une question de culture? Tropicultura, 20(3): 151 – 55.

Yen, A.L., Hanboonsong, Y. & van Huis, A. (2013) The role of edible insects in human recreation and tourism. In R.H. Lemelin, ed. The management of insects in recreation and tourism, pp. 169 – 85. Cambrdige, Cambridge University Press.

Ramos–Elorduy, J. (2009) Anthropo–entomophagy: Cultures, evolution and sustainability. Entomological Research 39: 271 – 88.

Menzel, P., and F. D'Aluisio. (1998) Man eating bugs: The art and science of eating insects. Berkeley, CA: Ten Speed Press.

Pemberton, R.W. (1994) The revival of rice–field grasshoppers as human food in South Korea. Pan–Pacific Entomologist, 70(4): 323.327.

Nonaka, K. (2009) Feasting on insects. (Special issue: trends on the edible insects inKorea and Abroad.). Entomological Research, 39(5): 304 – 312.

Kellert, S.R. (1993) Values and perceptions of invertebrates. Conservation Biology, 7(4):845 – 55.

Morris, B. (2004) Insects and human life. Oxford, England : Berg.
Diamond, J. (1992) The third chimpanzee. New York, USA :HarperCollins

Ministry of Food and Drug Safety .(2011) 식품원료 관리제도 해설서 Seoul, SouthKorea

Heather Looy, Florence V. Dunkel, John R. Wood, (2013) How then shall we eat? Insect–eating attitudesand sustainable foodways, 8–9

Choi, Y.C, Kim, N.J, Park, I.G, Lee, S.B, Hwang, J.S, (2011) 곤충의 새로운 가치– 21세기 고부가가치 생명산업 –, (4): 3–19, Jeolla, South Korea

Samways, M.J. (2007) Insect conservation: a synthetic management approach. Ann. Rev.Entomol, 52: 465.487.

Johnson, D.V. (2010) The contribution of edible forest insects to human nutrition and toforest management. In P.B. Durst, D.V. Johnson, R.L. Leslie. & K. Shono. Forest insectsas food: humans bite back, proceedings of a workshop on resources and their potential for development, pp. 5 – 2. Bangkok, FAO Regional Office for Asia and the Pacific.

저자(Author)에 대하여…

김용욱(Kim, Young-Wook) 교수는 현재 한국 경주대학교 외식조리학과 외식산업전공 전임교수로 소비자행동, 식음료 경영, 마케팅 등의 전공과목을 가르치고 있다. London Hilton Hotel Hyde Park에서 실무 경력을 시작으로 스위스 호텔학교와 영국 대학 국제교류처 아시아마케팅 본부장으로 근무했으며 2005년부터 2007년까지 영국 대학 아시아 담당 입학사정관으로 활동하였다. 경주대학교 국제교류 및 7+1 특성화 프로그램 담당교수로 영국, 스위스, 호주, 미국, 프랑스 등의 해외대학들과 공동학위 및 학부 프로그램 시행 등을 담당하였으며 2009년부터 2012년까지 100명 이상의 학생을 지도하여 현재 해외에서 학업과 실무를 병행시키고 있다.

스위스 SEG 그룹(SHMS, HIM, IHTTI, CIS) 한국 초대 총동문회장을 역임하였다.

다수의 국제 SSCI 논문을 투고했으며 역서 및 편집서로는 Growing Older, Food & Beverage Management가 있다. 현재 한국식용곤충연구소(Korean Edible Insect Laboratory)를 운영 중이다.

학력 및 경력
김용욱 (Kim, Young Wook)

현, 경주대학교 외식조리학과 외식산업전공 전임교수
스위스 HIM-Hotel Institute Montreux Higher Diploma(HND in Hospitality)
스위스 SHMS-Swiss Hotel Management School (BA in Hospitality)
영국 Derby University (Dual Degree/BA in International Hospitality)
영국 University of West London (MA in Hospitality with Merit)
영국 University of West London (Ph,D in Tourism Course Completed)

현, 한국식용곤충연구팀(Korean Edible Insect Laboratory-KEIL) 총괄운영
전, (사)대한관광경영학회 이사
전, SEG-Swiss Education Group(HIM, SHMS, HITTI etc,) 한국총동문회장
전, London Hotel School 아시아 마케팅 본부 입학사정관/마케팅 본부장
전, Hilton Hotel Hyde Park in London 식음료 부서 수퍼바이저

주요 논문 및 저서 요약
SSCI- "Analyzing the Leisure Activities of the Baby Boomer and the Generation of Liberation: Evidence from South Korea", Journal of Tourism and Cultural Change (2014)
등재지- "Impact of the changes in social trends on wedding culture-focusing on a five to three star hotels", (관광연구 영문 논문, 2011)
등재지- "식생활라이프스타일에 따른 프렌차이즈 커피전문점의 커피상품 소비행동에 관한 연구", (관광연구, 2013) 외 다수 논문 투고
Growing Older- 한국판 편역서 (한올 출판사, 2013)
Food and Beverage Management- 번역서 (한올 출판사, 2012)
외 다수 서적 출간

Episode Photos

Korean Edible Insect Laboratory

박조운
Park jo woon

김도규
Kim Do Gyu

장지훈
Chang Ji Hoon

장병철
Jang Byung Chul

윤다빈
Yoon Da Bin

추성현
Choo Sung Hyun

배기태
Bae Ki Tae

김철호
Kim Cheul Ho

진다은
Jin Da Eun

김용욱
Prof. Kim Young Wook

배윤경
Bae Yun Kyeung

길병규
Kil Byeong Gyu

김대균
Kim Dae Gyun

빠삐용이 몰랐던 식용곤충식

초판 1쇄 발행 / 2014년 10월 2일

지은이   김 용 욱
펴낸이   윤 형 두
펴낸데   종합출판 범우㈜

등 록 2004. 1. 6. 제406-2004-000012호
주 소 (413-756) 경기도 파주시 문발동 출판단지 525-2
전 화 031)955-6900~4, 팩 스 031)955-6905
교정·편집 정영해
홈페이지 www.bumwoosa.co.kr
E-mail bumwoosa@chol.com

ISBN 978-89-6365-118-7 03570

* 잘못된 책은 바꾸어 드립니다.
* 값은 뒤표지에 있습니다.

이 도서의 국립중앙도서관 출판시 도서목록(CIP)은
e-CIP홈페이지(www.nl.go.kr/cip.php)에서 이용하실 수 있습니다.
(CIP제어번호 : CIP 2014027653)